● 電気・電子工学ライブラリ ●
UKE-B6

# 高電界工学
## 高電圧の基礎

## 工藤勝利

数理工学社

# 編者のことば

　電気磁気学を基礎とする電気電子工学は，環境・エネルギーや通信情報分野など社会のインフラを構築し社会システムの高機能化を進める重要な基盤技術の一つである．また，日々伝えられる再生可能エネルギーや新素材の開発，新しいインターネット通信方式の考案など，今まで電気電子技術が適用できなかった応用分野を開拓し境界領域を拡大し続けて，社会システムの再構築を促進し一般の多くの人々の利用を飛躍的に拡大させている．

　このようにダイナミックに発展を遂げている電気電子技術の基礎的内容を整理して体系化し，科学技術の分野で一般社会に貢献をしたいと思っている多くの大学・高専の学生諸君や若い研究者・技術者に伝えることも科学技術を継続的に発展させるためには必要であると思う．

　本ライブラリは，日々進化し高度化する電気電子技術の基礎となる重要な学術を整理して体系化し，それぞれの分野をより深くさらに学ぶための基本となる内容を精査して取り上げた教科書を集大成したものである．

　本ライブラリ編集の基本方針は，以下のとおりである．
1) 今後の電気電子工学教育のニーズに合った使い易く分かり易い教科書．
2) 最新の知見の流れを取り入れ，創造性教育などにも配慮した電気電子工学基礎領域全般に亘る斬新な書目群．
3) 内容的には大学・高専の学生と若い研究者・技術者を読者として想定．
4) 例題を出来るだけ多用し読者の理解を助け，実践的な応用力の涵養を促進．

　本ライブラリの書目群は，I 基礎・共通，II 物性・新素材，III 信号処理・通信，IV エネルギー・制御，から構成されている．

　書目群 I の基礎・共通は 9 書目である．電気・電子通信系技術の基礎と共通書目を取り上げた．

　書目群 II の物性・新素材は 7 書目である．この書目群は，誘電体・半導体・磁性体のそれぞれの電気磁気的性質の基礎から説きおこし半導体物性や半導体デバイスを中心に書目を配置している．

　書目群 III の信号処理・通信は 5 書目である．この書目群では信号処理の基本から信号伝送，信号通信ネットワーク，応用分野が拡大する電磁波，および

電気電子工学の医療技術への応用などを取り上げた．

書目群IVのエネルギー，制御は10書目である．電気エネルギーの発生，輸送・伝送，伝達・変換，処理や利用技術とこのシステムの制御などである．

「電気文明の時代」の20世紀に引き続き，今世紀も環境・エネルギーと情報通信分野など社会インフラシステムの再構築と先端技術の開発を支える分野で，社会に貢献し活躍を望む若い方々の座右の書群になることを希望したい．

2011年9月

編者　松瀬貢規<br>
　　　湯本雅恵<br>
　　　西方正司<br>
　　　井家上哲史

## 「電気・電子工学ライブラリ」書目一覧

### 書目群I（基礎・共通）
1. 電気電子基礎数学
2. 電気磁気学の基礎
3. 電気回路
4. 基礎電気電子計測
5. 応用電気電子計測
6. アナログ電子回路の基礎
7. ディジタル電子回路
8. ハードウェア記述言語によるディジタル回路設計の基礎
9. コンピュータ工学

### 書目群II（物性・新素材）
1. 電気電子材料
2. 半導体物性
3. 半導体デバイス
4. 集積回路工学
5. 光・電子工学
6. 高電界工学
7. 電気電子化学

### 書目群III（信号処理・通信）
1. 信号処理の基礎
2. 情報通信工学
3. 情報ネットワーク
4. 電磁波工学
5. 生体電子工学

### 書目群IV（エネルギー・制御）
1. 環境とエネルギー
2. 電力発生工学
3. 電力システム工学の基礎
4. 超電導・応用
5. 基礎制御工学
6. システム解析
7. 電気機器学
8. パワーエレクトロニクス
9. アクチュエータ工学
10. ロボット工学

# まえがき

　高電圧工学と高電界工学は，一体どこが違うのだろうか．この点に関しては，電気工学を学ぶ者にとっても最初に持つ疑問であろう．数式を使わずに，電圧と電界の区別を明確に説明することは，大学で物理学や電気磁気学を学んだ人にとっても難しいように思う．多くの人は，電圧と電界は同じものとしてイメージしているのかもしれない．

　高電圧工学に関していえば，歴史は古く，現在でも大学の電気系学科に設置されている科目であり，電気系学科の学生や卒業生にとっては，高電圧工学や放電工学の授業を通して高電圧応用や高電圧技術には馴染みが深いであろう．また，一般の人にとっても，送電線の電圧や静電気で生じる電圧などの話を通して高電圧という言葉自体は，よく聞く言葉である．

　それに反して，高電界，あるいは高電界工学に関しては馴染みが極めて薄いと思われる．事実，高電圧工学関連のテキストが数多く出版されているのに比べ，高電界関連のテキストは極めて少ない．最近，「電界」や「高電界現象論」を扱った書籍は何冊か見受けられるが，「高電界工学」という書名で出版されているテキストや書籍は，筆者の知る限りでは見当たらないようである．この理由として考えられるのは，高電界工学と高電圧工学の違いは何か，高電界工学はどのような分野をカバーしている学問なのか，その辺のところがまだ不明確なためと思われる．もちろん，高電界現象は高電圧現象と密接に関係しており，高電圧現象の中に高電界現象を含めて考えることもできる．しかし，高電界現象は必ずしも高電圧現象に関係するものばかりではない．

　高電界工学は，高電圧工学・高電圧現象を基礎にしている学問であるが，多くの他分野と深い関わりを持っている．たとえば，送配電系統工学，電力工学，電気エネルギー工学，パワーエレクトロニクス，半導体工学，静電気応用，プラズマ工学，放電工学，電気化学，生体工学，医療工学，レーザ工学などである．これら多くの学問分野に共通なテーマとして，「高電界」または「高電界現象」が存在する．

　以上のように，高電圧イコール高電界ではない．むしろ，高電圧よりも高電

## まえがき

界という視点から見ていくほうが，幅広い物理現象や工学分野をカバーしていることを知ることができると思う．すなわち，高電界の目で色々な分野を眺めてみると，雷現象や送配電系統などで見られる高電圧・高電界現象から，電子デバイスや人体の生体膜などで見られる低電圧・高電界現象まで，普段あまり気がつかないけれども，高電界そのものは極めて幅広い分野と深く関係していることがわかる．今後，電子デバイスや電力用機器などでは，コンパクト化・高電界化がいっそう要求されることが考えられる．それに伴って，高電界をいかにしてコントロールするのか，また，高電界をどのようにして最大限利用するのかが問われることになるであろう．

そこで今回，あえて「高電界工学」いう名称で本書を執筆したが，内容をみると，従来の高電圧工学・高電圧現象の内容とかなりの部分で重複しているのも事実である．また，高電界工学は，高電圧工学の基礎になっていることも明らかである．ただし，高電界の視点から各分野を見渡すことによって，電子デバイスから電力用機器までの各分野に共通な，何かが見えてくることも考えられる．本書が，高電界応用や高電圧技術に興味を持つ学生や技術者に限らず，電気・電子工学に広く興味を持つ方々に，少しでもお役にたてれば幸いである．

本書を執筆するにあたり，数多くの著書や学術論文を参考にさせて頂いたことに対し深く感謝する次第です．

2012 年 12 月

工藤勝利

# 目　　次

## 第1章

### 高電界工学の背景　　1
- 1.1　低電圧および高電圧における高電界現象　　2
- 1.2　誘電体の絶縁破壊の強さ　　5
- 1.3　高電界現象と複雑系の科学との接点　　7
- 1章の問題　　9

## 第2章

### 静電界の基本式　　11
- 2.1　電界の定義　　12
- 2.2　電気力線とガウスの法則　　13
    - 2.2.1　電気力線　　13
    - 2.2.2　電気力線に関するガウスの法則　　13
- 2.3　電位の定義　　16
- 2.4　等電位面と電気力線　　18
- 2.5　電界と電位の傾きの関係式　　19
- 2.6　真空中のラプラスおよびポアソンの方程式　　21
- 2.7　誘電体中のラプラスおよびポアソンの方程式　　22
- 2章の問題　　25

## 第3章

### 静電界の分類　　27
- 3.1　電界利用率と電界集中係数による静電界の分類　　28
- 3.2　不平等性による電界の分類　　34

　　　　　　　　　　　目　　次　　　　　　　　　　vii

　　　3.2.1　平等電界 ･････････････････････････････ 37
　　　3.2.2　準平等電界 ･･･････････････････････････ 38
　　　3.2.3　不平等電界 ･･･････････････････････････ 39
　3 章の問題 ･･････････････････････････････････････ 40

## 第 4 章

## 静電界の計算法 　　　　　　　　　　　　　　　41

　4.1　解析的手法 ･･････････････････････････････････ 42
　　　4.1.1　等角写像法 ･･･････････････････････････ 42
　　　4.1.2　影　像　法 ･･･････････････････････････ 44
　4.2　数値解析法 ･･････････････････････････････････ 49
　　　4.2.1　差　分　法 ･･･････････････････････････ 49
　　　4.2.2　有限要素法 ･･･････････････････････････ 50
　　　4.2.3　電荷重畳法 ･･･････････････････････････ 51
　4 章の問題 ･･････････････････････････････････････ 52

## 第 5 章

## 気体誘電体の電気伝導と絶縁破壊 　　　　　　53

　5.1　気体粒子の基礎過程 ･･････････････････････････ 54
　　　5.1.1　平均自由行程と移動度 ･････････････････ 54
　　　5.1.2　励起と電離 ･･･････････････････････････ 54
　5.2　気体の電気伝導 ･･････････････････････････････ 57
　5.3　タウンゼントの理論とパッシェンの法則 ････････ 59
　5.4　気体の絶縁破壊の強さ ････････････････････････ 63
　5.5　真　空　放　電 ･･････････････････････････････ 65
　5.6　ストリーマ理論 ･･････････････････････････････ 66
　5.7　コロナ放電とコロナ形態 ･･････････････････････ 68
　5.8　雷　　放　　電 ･･････････････････････････････ 71
　5 章の問題 ･･････････････････････････････････････ 74

## 第 6 章

### 液体誘電体の電気伝導と絶縁破壊　　75

- 6.1 液体の性質と電気伝導 …… 76
  - 6.1.1 液体の性質 …… 76
  - 6.1.2 液体の電気伝導 …… 76
- 6.2 液体の絶縁破壊理論 …… 77
  - 6.2.1 電子的破壊 …… 77
  - 6.2.2 気泡破壊 …… 77
- 6.3 液体の絶縁破壊の強さ …… 78
- 6.4 極低温液体の絶縁破壊 …… 80
- 6 章の問題 …… 82

## 第 7 章

### 固体誘電体の電気伝導と絶縁破壊　　83

- 7.1 固体の電気伝導 …… 84
- 7.2 固体の絶縁破壊理論 …… 86
  - 7.2.1 熱的破壊 …… 86
  - 7.2.2 電子的破壊 …… 87
  - 7.2.3 電気機械的破壊 …… 88
- 7.3 固体の絶縁破壊の強さ …… 89
- 7.4 固体の絶縁劣化 …… 92
  - 7.4.1 部分放電劣化 …… 93
  - 7.4.2 トリーイング劣化 …… 93
  - 7.4.3 トラッキング劣化 …… 94
- 7 章の問題 …… 95

## 第 8 章

### 複合誘電体の部分放電と絶縁破壊　　97

- 8.1 二層誘電体の絶縁破壊の強さ …… 98
- 8.2 気体と固体の複合誘電体 …… 100

8.3　液体と固体の複合誘電体 ················· 101
　　　8.4　沿面放電とバリア効果 ··················· 104
　　　8.5　複合誘電体の三重点 ···················· 105
　　　8章の問題 ····························· 106

## 第9章

# 高電圧の発生と測定　　　　　　　　　　107

　　　9.1　高電圧の発生 ························· 108
　　　　　9.1.1　交 流 電 圧 ····················· 108
　　　　　9.1.2　直 流 電 圧 ····················· 109
　　　　　9.1.3　インパルス電圧 ··················· 110
　　　9.2　高電圧の測定 ························· 113
　　　　　9.2.1　静電電圧計 ····················· 113
　　　　　9.2.2　分　圧　器 ····················· 114
　　　　　9.2.3　球ギャップ ····················· 115
　　　　　9.2.4　計器用変圧器 ···················· 115
　　　9章の問題 ····························· 117

## 第10章

# 電力用機器・送配電系統における高電界現象　　　119

　　　10.1　電力用機器における使用電界の強さと
　　　　　　真性破壊の強さの比較 ··················· 120
　　　10.2　真空しゃ断器 ························ 122
　　　10.3　が　い　し ························· 124
　　　10.4　ガス絶縁開閉器 ······················· 126
　　　10.5　電力ケーブル ························ 127
　　　　　10.5.1　OF ケーブル ··················· 127
　　　　　10.5.2　CV ケーブル ··················· 128
　　　10.6　電力用キャパシタ ······················ 130
　　　10.7　電力用変圧器 ························ 132
　　　10.8　回　転　機 ························· 134

|  |  |  |
|---|---|---|
| 10.9 | 架空送電線 | 135 |
| 10.10 | 避雷器 | 138 |
| 10章の問題 | | 139 |

# 第11章

## 電子デバイス・電子機器における高電界現象　141

- 11.1 電子デバイス・電子機器における使用電界の強さ … 142
- 11.2 半導体の pn 接合素子における破壊 … 143
  - 11.2.1 熱平衡状態における pn 接合 … 143
  - 11.2.2 空間電荷層内の電界と電位 … 144
  - 11.2.3 pn 接合における破壊 … 146
  - 11.2.4 なだれ破壊 … 147
  - 11.2.5 ツェナー破壊 … 148
- 11.3 MOSFET における絶縁破壊 … 150
- 11.4 電気二重層と電気二重層キャパシタ … 153
  - 11.4.1 電気二重層の構造 … 153
  - 11.4.2 電気二重層に掛かる電界 … 155
  - 11.4.3 電気二重層キャパシタの基本構造 … 157
- 11.5 エレクトロルミネセンスディスプレイ … 161
  - 11.5.1 無機 ELD … 161
  - 11.5.2 有機 ELD … 163
- 11章の問題 … 164

## 問 題 解 答　165

## 引用・参考文献　172

## 索　引　178

# 第1章
# 高電界工学の背景

　電界 (electric field) が自然現象，または物理現象とどのように関わっているのかを知ることは，電界の作用を知る上で極めて重要である．

　本章では，**高電界工学**(high electric field engineering) で重要となる電界と**電位** (electric potential) の視点から，電界と自然現象の関わりや，低電圧・高電界で使用される電子デバイスおよび高電圧・高電界で使用される電力用機器のおおまかな分類について学ぶ．次に，高真空，気体，液体，固体の**誘電体** (dielectric, dielectrics) に関して，実験的に得られている最大の**絶縁破壊の強さ** (dielectric breakdown strength) が，おおよそどのような範囲の値になっているかについて学ぶ．また，高電界現象と複雑系の科学の接点についても学ぶ．

## 1.1 低電圧および高電圧における高電界現象

図1.1は，力学の物理量（エネルギー，力）と電気の物理量（電位，電界）がどのような関わりを持つかを簡単に示したものである．

- 電位は大きさだけを持つスカラー量であり，静電エネルギーをもとに定義された物理量である．
- 電界は大きさと方向を持つベクトル量であり，力をもとに定義された物理量である．

また，電位と電界には密接な関係があり，第2章で述べるように，両者の間には重要な関係式が存在している．ただし，物理現象そのものと深く関わっているのは，電位の大きさよりはむしろ電界の大きさであるといえる．たとえば，空気（気体誘電体）は，平等電界下では約 $30\,[\mathrm{kV\cdot cm^{-1}}] = 3\,[\mathrm{MV\cdot m^{-1}}]$ の電界の強さで絶縁破壊するといわれている．この例からも，**電界の強さ**（electric field strength）（2.1節参照）が誘電体の電気的破壊の限界値（絶縁体から導体への転移点）と密接に関係していることが理解できる．**絶縁破壊**（dielectric breakdown）とは，誘電体が電気的に破壊し，電気絶縁性能を失う現象をいう．条件にもよるが，絶縁破壊の強さは，**誘電率**（permittivity）や**抵抗率**（resistivity）などと同様に，誘電体の固有の物理定数とみなすことができる．

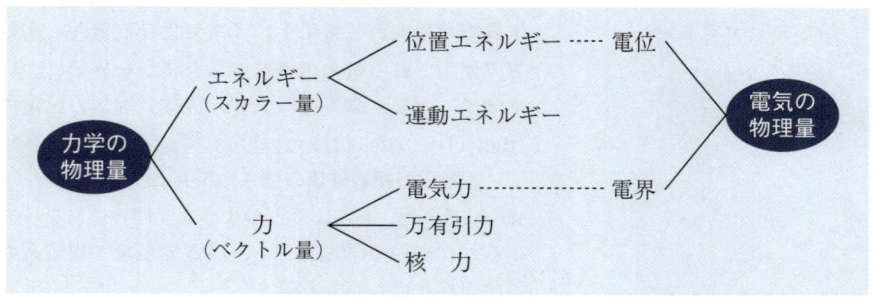

図1.1　力学の物理量と電気の物理量の関係

ところで，自然界にはどのような場所にどの位の大きさの電界が存在しているのであろうか．図1.2は，ミクロな世界からマクロな世界までの自然界に存在する代表的な電界の強さを示したものである．ミクロな水素原子内では，約 $10^{11}\,[\mathrm{V\cdot m^{-1}}] = 100\,[\mathrm{GV\cdot m^{-1}}]$ の巨大な電界の強さが存在している．そして，マクロな世界になるにつれて電界の強さは小さくなり，雷雲下の地表の電界（大

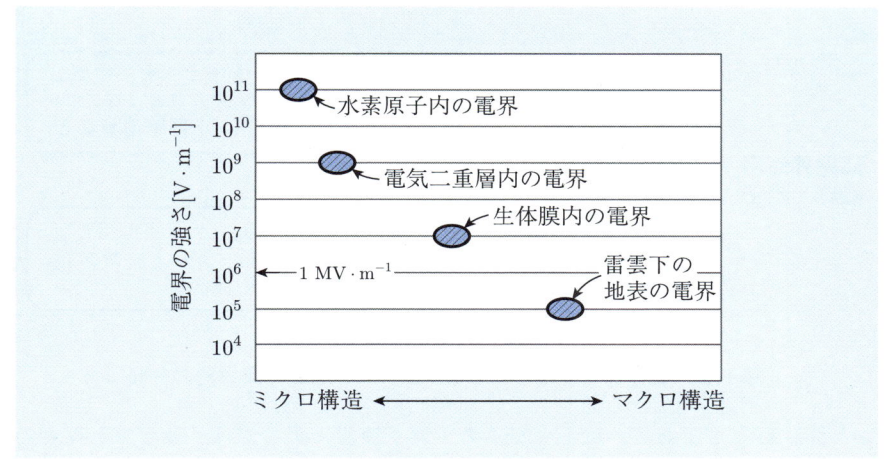

図 1.2　自然界における電界の強さ

気電界) を例にとると，その値は約 $10^5\,[\mathrm{V\cdot m^{-1}}] = 100\,[\mathrm{kV\cdot m^{-1}}]$ 程度である．また，川を流れる固体微粒子 (固体) と水 (液体) のミクロ的な界面に形成される電気二重層内の電界の強さを見てみると，極めて大きな電界が発生していることがわかる．生体内においても高電界の現象が存在している．生体内の細胞膜 (誘電体膜) は，電気信号を伝達するために細胞膜内で分極と脱分極を繰り返している．このときの細胞膜に印加される電界もかなりの高電界である．

　以上述べたような簡単な例をとってみても，高電界現象と自然界は深く関わっていることが理解できる．

　次に，実用上の電子デバイスや電力用機器と高電界はどのように関わっているかを見てみる．

　図 1.3 は，高電界で使用される電子デバイス・電子機器と電力用機器・装置の分類を示したものである．ここでは便宜上

(1) 低電圧・高電界で使用されるもの
(2) 高電圧・高電界で使用されるもの

の 2 つに分類する．ここでいう低電圧とは数十ボルトから数百ボルトと比較的低い電圧を指し，高電圧とは 1 千ボルト以上の高い電圧を指す．

　(a)　**低電圧・高電界で使用する電子デバイス・電子機器**　電気二重層キャパシタ，ツェナーダイオード，MOSFET (metal-oxide semiconductor field-effect transistor)，エレクトロルミネセンスディスプレイ，液晶ディスプレイ，プリ

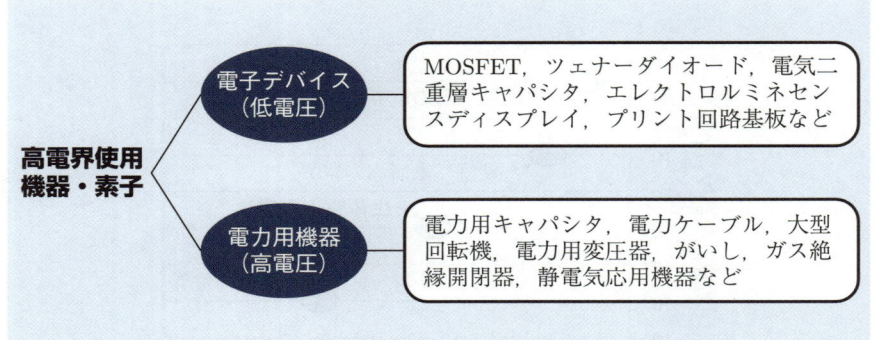

**図1.3** 高電界で使用される電子デバイスと電力用機器の分類

ント回路板などがある．電子デバイス・電子機器に関しては，数ボルト程度の使用電圧でも，使用される誘電体に $1\,\mathrm{GV\cdot m^{-1}}$ 程度の高電界が掛かる．たとえば，フラッシュメモリなどの不揮発性メモリに用いられる酸化膜（誘電体膜）では，書き込み・消去動作の際に酸化膜に $1\,\mathrm{GV\cdot m^{-1}}$ 以上の高電界が印加される．すなわち，数ボルト程度の低い電圧を使用しているにも関わらず，メモリ素子は，酸化膜の本質的な絶縁破壊の強さに極めて近い高電界で動作していることになる．

(b) <u>高電圧・高電界で使用する電力用機器・装置</u>　電力用キャパシタ，電力ケーブル，大型回転機，電力用変圧器，がいし，ガス絶縁開閉器（GIS），静電気応用機器などがある．高電圧・高電界で使用する電力用機器・装置に関しては，使用される誘電体全体の厚さも増大し，誘電体内にボイドや不純物などの欠陥を含みやすくなるため，電子デバイス・電子機器に比べ，一般的には低い電界で使用せざるを得ない．電力用キャパシタや電力ケーブルのような電極構成が比較的単純で，電界が平等電界（3.2.1項参照）に近い形で使用できる電力用機器・装置の場合は，使用電界を高く設定できる．しかし電力用変圧器のような電極構成が複雑で不平等電界（3.2.3項参照）に近い形の場合には，比較的低い電界で使用することになる．

## 1.2 誘電体の絶縁破壊の強さ

　材料工学における機械的強度と同様に，電気工学における電気的な破壊の強さ（絶縁破壊の強さ）は，極めて重要な物理量である．もし，電界の強さが誘電体の絶縁破壊の強さを超えると，誘電体は部分的または完全にその絶縁機能を失うことになる．

　誘電体が純粋で均一な材料であり，かつ周囲の温度と試料形状を注意深く制御し，試料を短時間で破壊させた場合には，その誘電体自身が持つ最大の絶縁破壊の強さまで印加電界を増加させることができる．この最大の絶縁破壊の強さを，**真性破壊の強さ**（intrinsic breakdown strength）$E_i$ という．この $E_i$ を実験的に得ることは，液体と固体に関しては2次的効果の影響が大きく簡単ではないが，多くの研究者によって $E_i$ に近い値が得られている．現在まで得られている各種誘電体の $E_i$ の範囲はおおよそ**表1.1**のようになっている．

表1.1　各種誘電体の $E_i$ の範囲

| | 高真空 | 気体 | 液体 | 固体 |
|---|---|---|---|---|
| $E_i$ の範囲 [MV・m$^{-1}$] | 10〜20 | 1〜10 | 100〜300 | 100〜1500 |

　実際の機器・装置に使用される誘電体では，各種の2次的影響などを考慮する必要があり，実用に近い状態で得られる絶縁破壊の強さ（実用絶縁破壊の強さ，使用電界，運転電界）が重要となる．液体と固体の実用絶縁破壊の強さは，真性破壊の強さ $E_i$ に比べると，おおよそ1桁から2桁小さい値となっている．

　**図1.4**は，高真空，気体，液体および固体の誘電体の $E_i$ を大まかに示したものである．$E_i$ の値は

$$\text{気体} \leq \text{高真空} < \text{液体} \leq \text{固体}$$

の順に大きくなっている．図からわかるように，物質の分子密度の増加（または，電子の平均自由行程の減少）とともに，$E_i$ の値はV字特性を示す．放電現象や絶縁破壊現象は，誘電体内の自由電子の平均自由行程の大きさや電子なだれ形成のしやすさなどと密接に関係しているため，$E_i$ がV字特性を示すと考えられる．

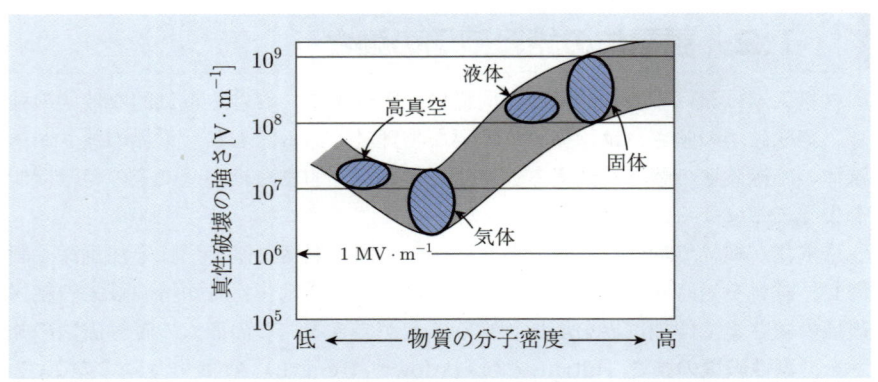

**図 1.4** 誘電体媒質の真性破壊の強さ

ここで，高電界や高電圧に関係が深い物質である**誘電体**と**絶縁体**（insulator）について少し説明をしておく．
- 誘電体とは，電界中で誘電分極現象を示す物質の総称である．
- 絶縁体とは，電気的に高い抵抗率を持つ物質のことで，誘電体の多くは絶縁体でもある．

絶縁体を電気絶縁の目的として取り扱う場合，**絶縁物**（insulator）あるいは**絶縁材料**（insulating material）と呼ぶこともある．誘電体と絶縁体を区別せずに同じように扱う場合もあるが，誘電体の方が絶縁体よりも広い電気的特性をカバーしている．誘電体の電気的特性を大別すると
(1) 誘電特性
(2) 絶縁特性
の 2 種類がある．すなわち，(1) としては，誘電分極，誘電損失，誘電正接，比誘電率，静電容量などがあり，また (2) としては，電気伝導，絶縁劣化，絶縁破壊，絶縁破壊の強さ，絶縁耐力などがある．本テキストでは，主に誘電体という用語を使用するが，絶縁特性に重きを置いて誘電体を使用するときには，絶縁体，または絶縁材料という用語も使用する．

## 1.3 高電界現象と複雑系の科学との接点

　高電界工学は，単に高電圧の基礎であるばかりではなく，広い学問分野の基礎になっている．最近，高電界下で誘電体中に生じる部分破壊現象や絶縁破壊現象と**複雑系科学**（science of complex system）との関連が明らかにされてきている．たとえば，**フラクタル**（fractal）という概念を使って，複雑な分岐構造を有する放電パターンの解析が行われている．雲の形はどのスケール（大きさ）で見ても同じような形（構造）をしている．このような性質を**自己相似性**（self-similarity）といい，この自己相似性を持つものをフラクタルという．このような複雑なフラクタルパターンは，**フラクタル次元**（fractal dimension）によって定量化できる．このフラクタル次元は，空間的パターンの複雑さの程度を表す指標でもある．

　図1.5 は，放電パターン（2次元投影像）のフラクタル次元の求め方を示したものである．同図 (a) は，被測定パターンを一辺が $r$ の正方形で被覆したとき，被覆できる正方形の数 $N(r)$ を表している．次に，$r$ をいくつか変えて $N(r)$ を測定し，$r$ と $N(r)$ を両対数グラフにプロットする．もし，パターンがフラクタルであれば，同図 (b) のような直線関係が得られ，その直線の傾きの絶対値がフラクタル次元 $D_\mathrm{f}$ である．すなわち，次式が成り立つことを利用する．

$$N(r) \propto r^{-D_\mathrm{f}} \tag{1.1}$$

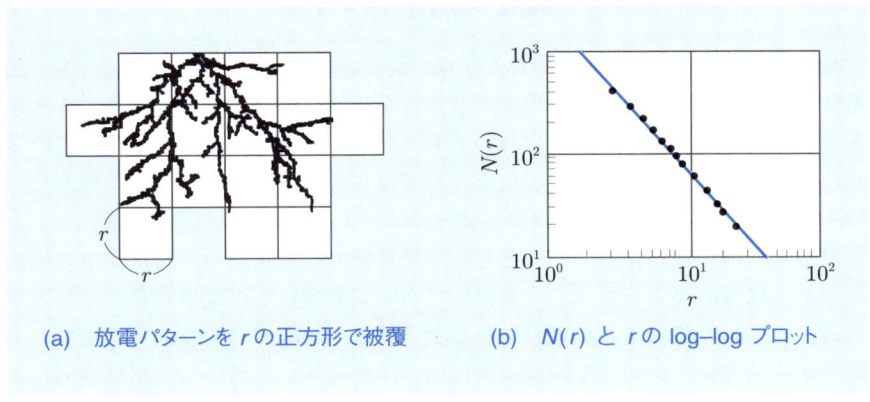

(a) 放電パターンを $r$ の正方形で被覆　　(b) $N(r)$ と $r$ の log–log プロット

図1.5　放電パターン（**2**次元投影像）のフラクタル次元の求め方 [7]

一般に，フラクタル次元は非整数値である．被測定パターンが3次元のときは，正方形ではなく，立方体で被覆する．

図1.6 に，**(a)** 大気中の雷放電路，**(b)** 液体中のストリーマ放電路，**(c)** 固体中の電気トリーで得られた $D_f$ の一例を示す．どの放電パターンもフラクタル構造を有しており，$D_f$ を求めることができる．$D_f$ の値が大きいほど，空間的パターンがより複雑であることを示している．誘電体中の放電現象や絶縁破壊現象に関しては，フラクタル解析以外に，**カオス**（chaos）解析や**パーコレーション**（percolation）モデルによる解析なども行われている．

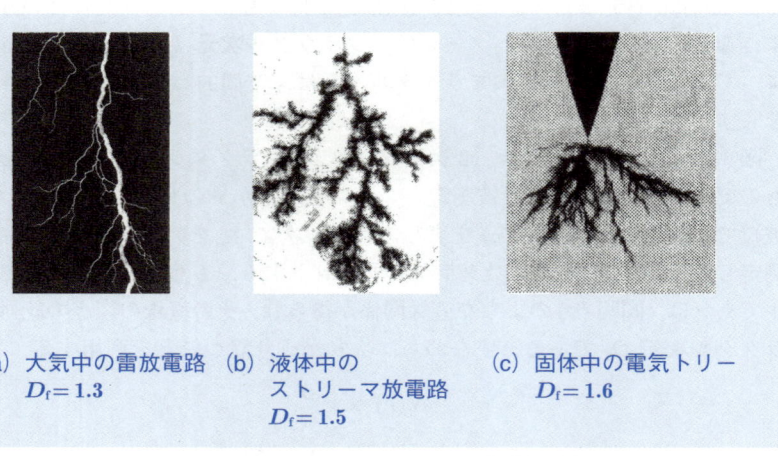

(a) 大気中の雷放電路　(b) 液体中の　　　　(c) 固体中の電気トリー
　　$D_f = 1.3$　　　　　　ストリーマ放電路　　　　$D_f = 1.6$
　　　　　　　　　　　　　$D_f = 1.5$

図1.6　誘電体中の放電パターン [10][8][7]

複雑系の科学は，これまで異なる分野で研究対象となっていた複雑な現象（誘電体中の放電現象や絶縁破壊現象も含む）を，統一的な見方で解明しようとする学問である．ただし，現在においても，統一化された複雑系が確立しているわけではなく，今後の研究をまたなければならない．複雑系の科学の例としては，ゆらぎ，フラクタル，カオス，パーコレーションなどが挙げられる．

複雑系物理現象の特徴の一つとして，限界値の存在がある．誘電体中で放電現象や絶縁破壊現象が生じるためには，ある限界値以上の電界の強さが必要である．この限界値以上の高電界になると，誘電体が非線形的な変化（カタストロフィー的変化）を通して絶縁破壊に至り，絶縁体から導体への相転移が起こる．このような物理的現象の事実からも，高電界・高電圧現象は複雑系の科学や非線形科学と密接に関係していることがわかる．

## 1章の問題

- **1.1** 高電界現象と高電圧現象の相違点について簡単に述べよ．

- **1.2** 真性破壊の強さとはどのような値か．また，真性破壊の強さは，誘電体の物理定数とみなすことができる理由を述べよ．

- **1.3** 高電界現象・高電圧現象は，どのような点で複雑系科学と接点があるか．

# 第2章

# 静電界の基本式

　静電界 (electrostatic field) の解析においては，電界と電位の物理量が重要な役割を果たす．電界は力をもとに定義された物理量（ベクトル量）であり，また電位は**静電エネルギー** (electrostatic energy) をもとに定義された物理量（スカラー量）である．

　本章ではまず，電界の定義と**ガウスの法則** (Gauss' law) について学ぶ．次に，電位の定義および**電位の傾き** (potential gradient) と電界の関係式について学ぶ．その後，真空中および誘電体中の電界分布，電位分布を決定する**ラプラスの方程式** (Laplace's equation) および**ポアソンの方程式** (Poisson's equation) の導出について学ぶ．

## 2.1 電界の定義

われわれは電界の存在を直接目で見ることはできないが，力と電荷量との間の関係は，クーロンの法則から知ることができる．このクーロンの法則の式は万有引力の法則の式と同じ形をしており，質量の周りの空間に重力が形成されるのと同じように，電荷の周りの空間に電界が形成される．ある点での電界 $\boldsymbol{E}$ は，その点に微小な点電荷 $q$ を置いたとき，その電荷に働く力 $\boldsymbol{F} = q\boldsymbol{E}$ の関係をもとに，次のように求められる．

$$\boldsymbol{E} = \frac{\boldsymbol{F}}{q} \tag{2.1}$$

すなわち，**電界**というのは，単位正電荷 1 C に働く力によって定義されるベクトル量である．電界の大きさは**電界の強さ**と呼ばれる．**図2.1**，**図2.2** に示すように，電界は次の 2 つから生じる．

(1) 静止電荷
(2) 磁界の時間的変化

本テキストでは主に，時間的に変化しない電界，すなわち静電界を扱うため，特に断らない場合は，静止電荷によって作られる電界を対象としている．

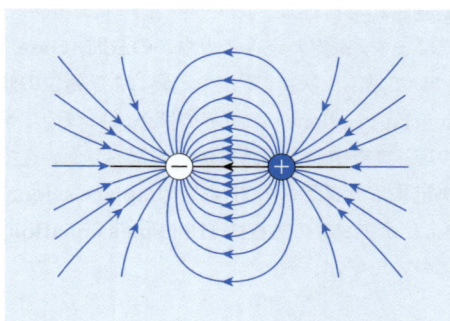

**図2.1** 静止電荷による電界の発生
（極性が異なる 2 つの点電荷）

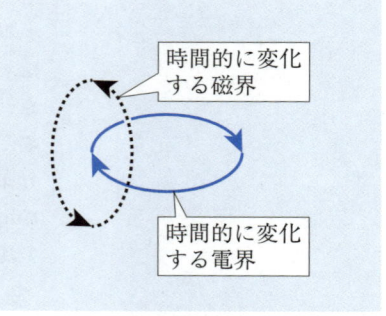

**図2.2** 磁界の時間的変化による電界の発生

## 2.2 電気力線とガウスの法則

### 2.2.1 電気力線

電界を視覚的に表すために，**電気力線**（electric line of force）という仮想的な場を表す多数の流線を考える．空間に電界 $E$ が存在するとき，空間内の電界 $E$ の接線になるような連続的な曲線を描くと，この曲線の方向や曲線の面密度から電界 $E$ の性質を理解することができる．この電気力線は，次のような性質を持っている．

(1) 電気力線上の各点の接線は，その点の電界の方向を示す．
(2) 各点における電気力線の密度（電気力線に垂直な面における面密度）は，その点の電界の強さを表す．
(3) 電気力線は正の電荷から出発し，負の電荷で終わる．

図2.3 に，点電荷による電界と電気力線の関係を示す．

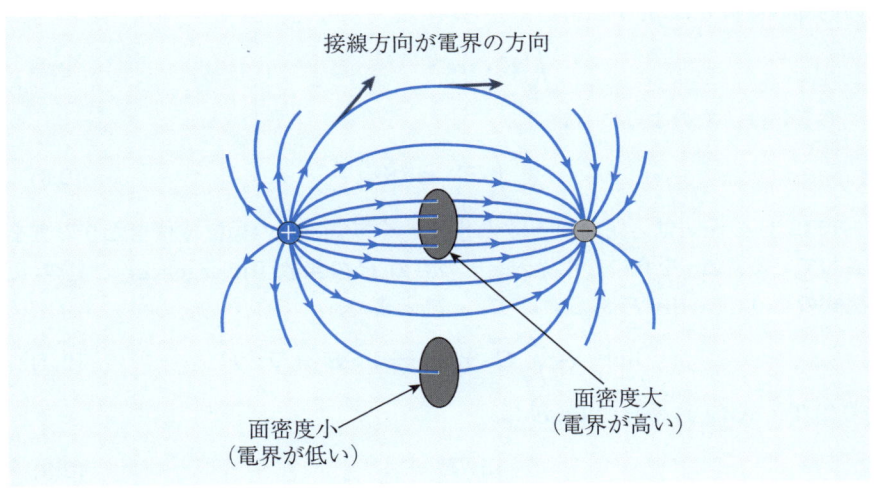

図2.3 点電荷による電界と電気力線の関係

### 2.2.2 電気力線に関するガウスの法則

ガウスの法則は，任意の閉じた面を貫いて外へ出て行く電気力線の本数が $\frac{q}{\varepsilon_0}$ [本] であることを表している．ここで，$\varepsilon_0$ [F・m$^{-1}$] は**真空の誘電率**（permittivity of vacuum）である．いま，点電荷 $q$ を含む閉曲面を半径 $r$ の球の表面で

あるとする．球面 $S$ 上の任意の点 P における電界の強さ $E$ は

$$E = \frac{q}{4\pi\varepsilon_0 r^2}$$

$E$ は球面上至るところで等しいので，$E$ の面積分は

$$\oint_S E dS = E \oint_S dS = E \times 4\pi r^2 = \frac{q}{\varepsilon_0}$$

この関係は，球面でない一般的な閉曲面 $S$ についても成り立つ．

いま，任意の閉曲面 $S$ の内部に総量 $q$ の電荷があるとき，$\boldsymbol{n}$ をその閉曲面上の1点の外向きの法線ベクトルとすると，次式が得られる．

$$\oint_S \boldsymbol{E} \cdot \boldsymbol{n} dS = \oint_S E_n dS = \frac{q}{\varepsilon_0}$$

ただし，$E_n$ は電界 $\boldsymbol{E}$ の閉曲面に垂直な成分とする．

次に，電荷が分布している場所に微小体積をとり，これにガウスの法則を適用してみる．いま，微小体積を $\Delta v$ とし体積電荷密度を $\rho$ とすると，閉曲面 $S$ の内部の電荷 $q$ は $\rho \Delta v$ に等しいから次のようになる．

$$\oint_S \boldsymbol{E} \cdot \boldsymbol{n} dS = \frac{1}{\varepsilon_0} \rho \Delta v \tag{2.2}$$

あるいは，次のようにも書ける．

$$\frac{1}{\Delta v} \oint_S \boldsymbol{E} \cdot \boldsymbol{n} dS = \frac{\rho}{\varepsilon_0} \tag{2.3}$$

式 (2.3) の左辺は，閉曲面 $S$ から出ていく電気力線の単位体積当たりの数を表している．$\Delta v$ を 0 にした極限をその点の $\boldsymbol{E}$ の**発散** (divergence) と名づけ，次式のように div $\boldsymbol{E}$ あるいは $\nabla \cdot \boldsymbol{E}$ と書く．

$$\lim_{\Delta v \to 0} \frac{1}{\Delta v} \oint_S \boldsymbol{E} \cdot \boldsymbol{n} dS = \text{div}\,\boldsymbol{E} = \nabla \cdot \boldsymbol{E} \tag{2.4}$$

式 (2.3)，式 (2.4) から，div $\boldsymbol{E}$ は

$$\text{div}\,\boldsymbol{E} = \frac{\rho}{\varepsilon_0} \tag{2.5}$$

div $\boldsymbol{E}$ は，単位体積当たり $\frac{\rho}{\varepsilon_0}$ ［本］の電気力線が発生することを意味している．式 (2.5) において，$\rho = 0$ では，次のようになる．

$$\text{div}\,\boldsymbol{E} = 0 \tag{2.6}$$

なお，直交座標系では電界 $\boldsymbol{E}$ は

$$\boldsymbol{E} = E_x \boldsymbol{i} + E_y \boldsymbol{j} + E_z \boldsymbol{k}$$

と表せるから，次のようになる．

## 2.2 電気力線とガウスの法則

$$\mathrm{div}\,\boldsymbol{E} = \left(\frac{\partial}{\partial x}\boldsymbol{i} + \frac{\partial}{\partial y}\boldsymbol{j} + \frac{\partial}{\partial z}\boldsymbol{k}\right)\cdot(E_x\boldsymbol{i} + E_y\boldsymbol{j} + E_z\boldsymbol{k})$$

$$= \frac{\partial E_x}{\partial x} + \frac{\partial E_y}{\partial y} + \frac{\partial E_z}{\partial z} = \frac{\rho}{\varepsilon_0} \tag{2.7}$$

### ■ 例題2.1 ■

導体表面の面電荷密度が $\sigma\,[\mathrm{C}\cdot\mathrm{m}^{-2}]$ のとき,導体表面における電界の強さ $E\,[\mathrm{V}\cdot\mathrm{m}^{-1}]$ が $E = \frac{\sigma}{\varepsilon_0}$ で与えられることを示せ.ただし,導体周囲の媒質を真空とする.

**【解答】** 導体表面は1つの等電位面である.したがって,導体の外側においては,電界の強さは表面に垂直の向きを持っている.また,導体内部では電界は $0\,[\mathrm{V}\cdot\mathrm{m}^{-1}]$ で,正味の電荷密度も $0\,[\mathrm{C}\cdot\mathrm{m}^{-2}]$ である.導体に電荷を与えると,電荷間の反発力によって電荷はすべて表面にのみ分布することになる.

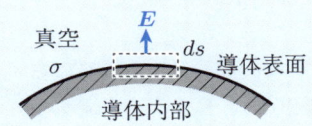

図2.4 導体表面の電界

いま,図2.4 に示すように,導体表面の面電荷密度を $\sigma\,[\mathrm{C}\cdot\mathrm{m}^{-2}]$ とし,導体表面の電界を求めてみる.導体表面に任意の微小面積 $dS\,[\mathrm{m}^2]$ をとり,この $dS$ を持つ閉曲面についてガウスの法則を適用する.$dS$ は小さいので,導体表面は平面とみなすことができ,電界の強さ $E\,[\mathrm{V}\cdot\mathrm{m}^{-1}]$ は面に垂直で外向きであるから,次式のように表せる.

$$EdS = \frac{\sigma dS}{\varepsilon_0}$$

したがって,$E$ は $E = \frac{\sigma}{\varepsilon_0}\,[\mathrm{V}\cdot\mathrm{m}^{-1}]$

導体に接する媒質が真空以外のときは,真空の誘電率 $\varepsilon_0$ の代わりに媒質の誘電率 $\varepsilon = \varepsilon_0\varepsilon_\mathrm{r}$ を用いると

$$E = \frac{\sigma}{\varepsilon} = \frac{\sigma}{\varepsilon_0\varepsilon_\mathrm{r}}\,[\mathrm{V}\cdot\mathrm{m}^{-1}]$$

ただし,$\varepsilon_\mathrm{r}$ は媒質の**比誘電率**(relative permittivity)であり,単位なしの無次元量である.

## 2.3 電位の定義

電位を定義をする前に,電界中の電荷になされる仕事について考えてみる.一般に,移動方向に垂直な力は仕事をしない.すなわち,仕事に寄与するのは加えた力のうち移動方向の成分だけである.移動のために加えた力 $\boldsymbol{F} = q\boldsymbol{E}$ と移動の向きとのなす角度を $\theta\,[\mathrm{rad}]$ とし,微小距離の方向ベクトルを $\varDelta\boldsymbol{l}$ とすると必要な仕事 $\varDelta W$ は,ベクトルのスカラー積を用いて次のように表せる.

$$\varDelta W = -\boldsymbol{F} \cdot \varDelta\boldsymbol{l} = -F\varDelta l \cos\theta \tag{2.8}$$

ここで,$F\cos\theta$ は移動の方向に平行な力の成分である.また,式 (2.8) は

$$\varDelta W = -\boldsymbol{F} \cdot \varDelta\boldsymbol{l} = -q\boldsymbol{E} \cdot \varDelta\boldsymbol{l} = -qE\varDelta l \cos\theta \tag{2.9}$$

と書ける.$\boldsymbol{F}$,または $\boldsymbol{E}$ と $\varDelta\boldsymbol{l}$ の間の角度 $\theta$ の大きさによって,$\varDelta W$ は正にも負にもなるが,点電荷 $q$ に外から力を加えることによって移動したときの仕事は,正の値となる.

次に,**図 2.5** に示すように,原点 O に置いた点電荷 $Q$ の作る電界 $\boldsymbol{E}$ 中に 2 点 A, B をとり,この 2 点の経路 $C$ に沿って電荷 $q$ を点 A から点 B に移動させたときの仕事 $W_{\mathrm{BA}}$ を求めてみる.求める仕事 $W_{\mathrm{BA}}$ は,式 (2.9) を線積分することにより,次のように表せる.ただし,電界 $\boldsymbol{E}$ は一定とする.

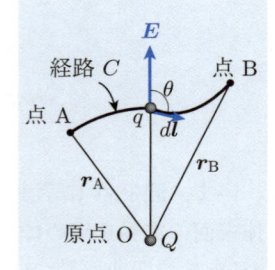

**図 2.5** 電荷 $q$ を運ぶのに必要な仕事

$$\begin{aligned} W_{\mathrm{BA}} &= \int_{\mathrm{A}}^{\mathrm{B}} dW = -\int_{\mathrm{A}}^{\mathrm{B}} q\boldsymbol{E} \cdot d\boldsymbol{l} \\ &= -q\boldsymbol{E} \cdot \int_{\mathrm{A}}^{\mathrm{B}} d\boldsymbol{l} \\ &= -q\boldsymbol{E} \cdot (\boldsymbol{r}_{\mathrm{B}} - \boldsymbol{r}_{\mathrm{A}}) \end{aligned} \tag{2.10}$$

**電位**とは,1 C 当たりに換算された電気的な**位置エネルギー**(potential energy)を表す.いま,2 つの点 A, B があるとする.点 A から点 B まで電荷 $q$ を電界 $\boldsymbol{E}$ に逆らって運ぶのに必要なエネルギーの単位電荷当たりの値を,点 B の点 A に対する電位,あるいは点 B と点 A との**電位差**(potential difference)という.

電位差 $V_{\mathrm{BA}}$ は,式 (2.10) において電荷 $q = 1$ と置いたときの仕事として定義され,次のように表される.

$$V_{\mathrm{BA}} = -\int_{\mathrm{A}}^{\mathrm{B}} \boldsymbol{E} \cdot d\boldsymbol{l} = V(\mathrm{B}) - V(\mathrm{A}) \tag{2.11}$$

## 2.3 電位の定義

この積分の値は両端の点 A, B のみによって定まり，途中の経路によらない．電界 $\boldsymbol{E}$ が一定であれば，式 (2.11) は

$$V_{\mathrm{BA}} = -\boldsymbol{E} \cdot \int_{\mathrm{A}}^{\mathrm{B}} d\boldsymbol{l} = -\boldsymbol{E} \cdot (\boldsymbol{r}_{\mathrm{B}} - \boldsymbol{r}_{\mathrm{A}}) \tag{2.12}$$

と書ける．式 (2.11) を見てわかるように，ある点の電位をいう場合には，その電位の基準点が必要である．通常は無限遠方での電位を 0 とする．式 (2.11) で点 A を無限遠点に選べば，点 B での電位を決めることができる．たとえば，電界中の 1 点 P の電位を $V$ で表せば

$$V = -\int_{\infty}^{\mathrm{P}} \boldsymbol{E} \cdot d\boldsymbol{l} \tag{2.13}$$

となる．

### ■ 例題2.2 ■

電界 $\boldsymbol{E} = \boldsymbol{i} + 3\boldsymbol{j} + 2\boldsymbol{k}\,[\mathrm{V}\cdot\mathrm{m}^{-1}]$ の一定電界がある．電荷 $q = 3\,[\mathrm{C}]$ を点 A(0, 2, 0) から点 B(3, 3, 0) まで動かすときの次の値を求めよ．
(1) 仕事 $W_{\mathrm{BA}}$ 　(2) 電位差 $V_{\mathrm{BA}}$

【解答】 (1) 仕事量 $W_{\mathrm{BA}}$ は，式 (2.10) より $\boldsymbol{E}$ は一定であるので

$$W_{\mathrm{BA}} = -\int_{\mathrm{A}}^{\mathrm{B}} q\boldsymbol{E} \cdot d\boldsymbol{l} = -q\boldsymbol{E} \cdot \int_{\mathrm{A}}^{\mathrm{B}} d\boldsymbol{l} = -q\boldsymbol{E} \cdot (\boldsymbol{r}_{\mathrm{B}} - \boldsymbol{r}_{\mathrm{A}})$$

ここで，$q = 3\,[\mathrm{C}]$, $\boldsymbol{r}_{\mathrm{B}} = 3\boldsymbol{i} + 3\boldsymbol{j}$, $\boldsymbol{r}_{\mathrm{A}} = 2\boldsymbol{j}$, $\boldsymbol{E} = \boldsymbol{i} + 3\boldsymbol{j} + 2\boldsymbol{k}\,[\mathrm{V}\cdot\mathrm{m}^{-1}]$ を代入すると

$$W_{\mathrm{BA}} = -3 \times (\boldsymbol{i} + 3\boldsymbol{j} + 2\boldsymbol{k}) \cdot (3\boldsymbol{i} + 3\boldsymbol{j} - 2\boldsymbol{j})$$
$$= -3 \times (3 + 3) = -18\,[\mathrm{J}]$$

(2) $q = 1\,[\mathrm{C}]$ とおいて

$$V_{\mathrm{BA}} = -\int_{\mathrm{A}}^{\mathrm{B}} \boldsymbol{E} \cdot d\boldsymbol{l} = -\boldsymbol{E} \cdot \int_{\mathrm{A}}^{\mathrm{B}} d\boldsymbol{l} = -\boldsymbol{E} \cdot (\boldsymbol{r}_{\mathrm{B}} - \boldsymbol{r}_{\mathrm{A}})$$
$$= -(\boldsymbol{i} + 3\boldsymbol{j} + 2\boldsymbol{k}) \cdot (3\boldsymbol{i} + 3\boldsymbol{j} - 2\boldsymbol{j}) = -6\,[\mathrm{V}]$$

## 2.4 等電位面と電気力線

電界内の同じ電位を持つ点を連ねると，1つの仮想的な面ができる．これを**等電位面**（equipotential surface）という．ちょうど地図の等高線のように，等電位面を描くことによって電位分布の様子がよくわかる．等電位面には次の2つの性質がある．

(1) 等電位面と電気力線は常に直角に交わる．
(2) 2つの異なる等電位面は交わらない．

図2.6 に平等電界中の電気力線と等電位面の様子を，また図2.7 に1個の正の点電荷が存在するときの電気力線と等電位面の様子をそれぞれ示す．

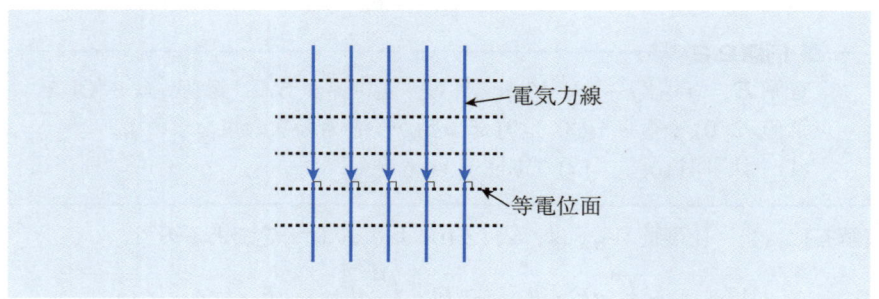

図2.6　平等電界中の電気力線と等電位面

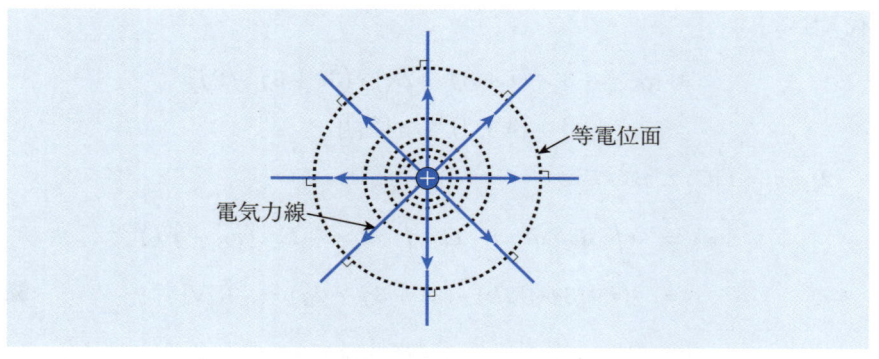

図2.7　正の点電荷による電気力線と等電位面

## 2.5 電界と電位の傾きの関係式

電位には場所により高低があるので，傾きを考えることができる．電位の傾きは，一定の距離，すなわち単位長さ当たりの電位の変化を表す．いま，図2.8のような等電位面に垂直な方向，すなわち電界方向の電位の傾きを求めてみる．本来，電界は3次元空間（$x, y, z$）で定義されるものであるが，ここでは，$y, z$を一定の値とし，$x$についての電位の変化をみてみる．等電位面上の点Pにおいて，それと垂直な$x$方向に微小距離$\Delta x$移動したときの電位の変化$\Delta V$（電位差）を求めると

$$\Delta V = -E_x \Delta x$$

ただし，$E_x$は$x$方向の電界の強さである．また，電位の下りの傾きを求めてみると，図2.9に示すように

$$\frac{\Delta V}{\Delta x} = -E_x \tag{2.14}$$

式 (2.14) の右辺に負の符号がつくのは，正の電荷が電界の方向に移動すると電位が下がることによる．したがって，$\Delta x$を0にした極限を考えると，$x$方向の電位の下りの傾きは

$$\frac{dV}{dx} = -E_x \tag{2.15}$$

となる．すなわち，電位$V$の$x$方向の傾きは，その点における電界の強さ$E_x$に負の符号をつけたものに等しい．このように，電界は電位から，その下りの傾きとして求めることができる．

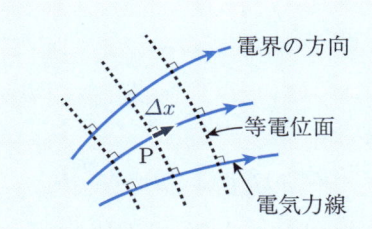

図2.8 等電位面に垂直な電界方向の微小変化 [1]

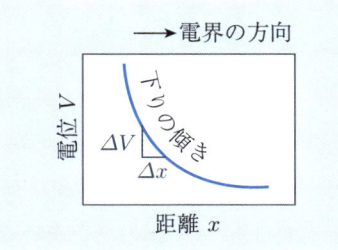

図2.9 電位の下りの傾き

いま，直交座標系 $(x, y, z)$ を用いると，電界 $\boldsymbol{E}$ は

$$\boldsymbol{E} = E_x \boldsymbol{i} + E_y \boldsymbol{j} + E_z \boldsymbol{k}$$
$$= -\left(\frac{\partial V}{\partial x}\boldsymbol{i} + \frac{\partial V}{\partial y}\boldsymbol{j} + \frac{\partial V}{\partial z}\boldsymbol{k}\right)$$
$$= -\operatorname{grad} V = -\nabla V$$
$$E_x = -\frac{\partial V}{\partial x}, \quad E_y = -\frac{\partial V}{\partial y}, \quad E_z = -\frac{\partial V}{\partial z}$$

ここに出てきた $\operatorname{grad} V$ あるいは $\nabla V$ を**電位の傾き**（potential gradient）と呼ぶ．grad あるいは $\nabla$ は，上りの傾きを求めるためのベクトル演算子である．電界 $\boldsymbol{E}$ と電位 $V$ の下りの傾きとの間には，次式が成り立つ．

$$\boldsymbol{E} = -\operatorname{grad} V \tag{2.16}$$

### ■ 例題2.3 ■

スカラー $\phi(x, y, z)$ が次式で与えられるとき，点 $\phi(1, 1, 1)$ での $\operatorname{grad} \phi$ を求めよ．

$$\phi = x^2 y + 2x^2 yz + 3x^2 z$$

【解答】

$$\operatorname{grad} \phi = \left(\frac{\partial}{\partial x}\boldsymbol{i} + \frac{\partial}{\partial y}\boldsymbol{j} + \frac{\partial}{\partial z}\boldsymbol{k}\right)\phi = \frac{\partial \phi}{\partial x}\boldsymbol{i} + \frac{\partial \phi}{\partial y}\boldsymbol{j} + \frac{\partial \phi}{\partial z}\boldsymbol{k}$$

$\frac{\partial \phi}{\partial x} = 2xy + 4xyz + 6xz$

$\frac{\partial \phi}{\partial y} = x^2 + 2x^2 z$

$\frac{\partial \phi}{\partial z} = 2x^2 y + 3x^2$

したがって

$$\operatorname{grad} \phi = (2xy + 4xyz + 6xz)\boldsymbol{i} + (x^2 + 2x^2 z)\boldsymbol{j} + (2x^2 y + 3x^2)\boldsymbol{k}$$

点 $\phi(1, 1, 1)$ の $\operatorname{grad} \phi$ を求めるために，$x = 1, y = 1, z = 1$ を代入して

$$\operatorname{grad} \phi = (2 + 4 + 6)\boldsymbol{i} + (1 + 2)\boldsymbol{j} + (2 + 3)\boldsymbol{k}$$
$$= 12\boldsymbol{i} + 3\boldsymbol{j} + 5\boldsymbol{k}$$

## 2.6 真空中のラプラスおよびポアソンの方程式

2.2 節においては,真空中における電界 $\boldsymbol{E}$ の発散の式として,式 (2.5) が得られた.また,2.5 節では,電界は電位の下りの傾きであるという式 (2.16) が得られた.静電界は,式 (2.5) と式 (2.16) の 2 式を同時に満足する必要がある.そこで,これら 2 式を組み合わせると次式が得られる.

$$\begin{aligned}
\operatorname{div} \boldsymbol{E} &= \operatorname{div}(-\operatorname{grad} V) \\
&= -\operatorname{div}\operatorname{grad} V \\
&= \frac{\rho}{\varepsilon_0}
\end{aligned}$$

ここで,微分演算子であるラプラシアン $\nabla^2$ を使うと

$$\operatorname{div}\operatorname{grad} = \nabla^2$$

と書けるから

$$\nabla^2 V = -\frac{\rho}{\varepsilon_0} \qquad (2.17)$$

電荷が存在しない空間では

$$\nabla^2 V = 0 \qquad (2.18)$$

式 (2.17),式 (2.18) はそれぞれ,**ポアソンの方程式**,**ラプラスの方程式**といわれる.直交座標系では,この 2 つの式は次のように書くことができる.

$$\nabla^2 V = \left(\frac{\partial^2 V}{\partial x^2} + \frac{\partial^2 V}{\partial y^2} + \frac{\partial^2 V}{\partial z^2}\right) = -\frac{\rho}{\varepsilon_0} \quad \text{(ポアソンの方程式)}$$

$$\nabla^2 V = \left(\frac{\partial^2 V}{\partial x^2} + \frac{\partial^2 V}{\partial y^2} + \frac{\partial^2 V}{\partial z^2}\right) = 0 \quad \text{(ラプラスの方程式)}$$

ポアソンおよびラプラスの方程式は,次節で述べるように,電界中に導体や誘電体が存在するような複雑な系の電位も決定できる一般的な式である.

## 2.7 誘電体中のラプラスおよびポアソンの方程式

電界に対するガウスの法則は，真空中と同様に誘電体中においても成り立つ．電界中に誘電体が存在すると，誘電体を構成している正，負の電荷が電界の作用によりわずかに移動し，誘電体中に**分極電荷**（polarization charge）が生じる．誘電体中の電界は，**真電荷**（true charge）による電界と分極電荷による電界の和として表される．

- 分極電荷は，誘電体内で束縛されて外部に自由に取り出すことのできない電荷である．
- 真電荷とは，導体中の電荷や電極上の電荷のことであり，自由に外部から与えたり外部に取りだすことができる電荷である．

電界中に置かれた均一な誘電体（誘電率が至るところで一定）では，**電束密度**（electric flux density）$D$ は電界 $E$ に比例するので，以下のように表せる．

$$D = \varepsilon_0 E + P = \varepsilon E \tag{2.19}$$

$$\varepsilon = \varepsilon_0 \varepsilon_r \tag{2.20}$$

ここで，$P$ は**分極**（polarization），$\varepsilon$ は誘電率，$\varepsilon_r$ は比誘電率である．いま，図2.10のように，誘電体中にある任意の閉曲面 $S$ を考え，閉曲面上の微小面積 $dS$ の外向きの法線ベクトルを $n$ とする．閉曲面内に真電荷 $q$ が存在することにより，誘電体内で分極が生じ，外に出て行った電荷と逆符号の電荷が分極電荷 $q_p$ として閉曲面 $S$ 内に残る．したがって，分極電荷 $q_p$ は

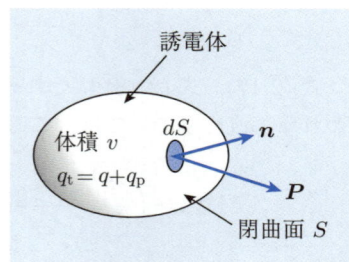

**図2.10** 誘電体中の閉曲面内の電荷 [1]

$$q_p = -\oint_S P \cdot n \, dS$$

閉曲面内の全電荷 $q_t$ は，真電荷 $q$ と分極電荷 $q_p$ の和として

$$q_t = q + q_p = q - \oint_S P \cdot n \, dS$$

となる．ゆえに，誘電体中の電界 $E$ に対するガウスの法則は，全電荷 $q_t$ に対して成立するので，次のように表せる．

$$\oint_S E \cdot n \, dS = \frac{q_t}{\varepsilon_0} = \frac{1}{\varepsilon_0}\left(q - \oint_S P \cdot n \, dS\right) \tag{2.21}$$

## 2.7 誘電体中のラプラスおよびポアソンの方程式

式 (2.21) を書き直すと

$$\oint_S (\varepsilon_0 \boldsymbol{E} + \boldsymbol{P}) \cdot \boldsymbol{n} dS = q$$

式 (2.19) より

$$\oint_S \boldsymbol{D} \cdot \boldsymbol{n} dS = q \tag{2.22}$$

式 (2.22) は，電束密度に関する**ガウスの法則**（ガウスの積分形）と呼ばれる．真空中のガウスの法則を微小体積に適用すると，$\boldsymbol{E}$ の発散（微分形）が得られることを式 (2.6) で示した．同様に，誘電体中のガウスの法則に関しても，微小体積を考慮することにより，発散の式（微分形）を得ることができる．

いま，真電荷および分極電荷の体積密度をそれぞれ $\rho, \rho_\mathrm{p}$ とすると

$$\left.\begin{array}{l} \mathrm{div}\, \varepsilon_0 \boldsymbol{E} = \rho + \rho_\mathrm{p} \\ \rho_\mathrm{p} = -\mathrm{div}\, \boldsymbol{P} \\ \mathrm{div}(\varepsilon_0 \boldsymbol{E} + \boldsymbol{P}) = \rho \end{array}\right\} \tag{2.23}$$

式 (2.23) より，次の電束密度に関するガウスの法則（微分形）が得られる．

$$\mathrm{div}\, \boldsymbol{D} = \rho \tag{2.24}$$

さらに，式 (2.19) より，誘電体中の電界に関するガウスの法則（微分形）は，次のように導出できる．

$$\mathrm{div}\, \boldsymbol{E} = \frac{\rho}{\varepsilon} \tag{2.25}$$

式 (2.16) と式 (2.25) より，誘電体中におけるポアソンおよびラプラスの方程式は，以下のように書き表される．

$$\nabla^2 V = -\frac{\rho}{\varepsilon}, \quad \nabla^2 V = 0$$

静電界に対する基本式をまとめると，以下のようになる．

$$\begin{array}{ll} \boldsymbol{E} = -\mathrm{grad}\, V & \text{（電界と電位の関係式）} \\ \boldsymbol{D} = \varepsilon \boldsymbol{E} & \text{（電束密度と電界の関係式）} \\ \mathrm{div}\, \boldsymbol{D} = \rho & \text{（ガウスの法則）} \\ \nabla^2 V = -\frac{\rho}{\varepsilon} & \text{（ポアソンの方程式）} \\ \nabla^2 V = 0 & \text{（ラプラスの方程式）} \end{array}$$

導体や誘電体の界面がある場合のラプラスおよびポアソンの方程式を解くためには，電荷分布 $\rho$ を決定すること以外に，以下の2つの境界条件を満たす必要がある．

(1) 導体の電位は一定である．
(2) 誘電体の界面においては，電束密度の垂直成分と電界の接線成分がそれぞれ連続である．

■ **例題2.4** ■

真空中で $x = 0\,[\mathrm{m}]$, $x = d\,[\mathrm{m}]$ における電位が，それぞれ $V = 0\,[\mathrm{V}]$, $V = V_0\,[\mathrm{V}]$ の2枚の極めて広い平行板電極 $A_1$ と $A_2$ がある．この平行板電極の間に，一様な体積密度 $\rho\,[\mathrm{C \cdot m^{-3}}]$ の電荷が存在する場合の電位 $V\,[\mathrm{V}]$，電界の強さ $E\,[\mathrm{V \cdot m^{-1}}]$ および表面電荷密度 $\sigma\,[\mathrm{C \cdot m^{-2}}]$ を求めよ．

【解答】 ポアソンの方程式は

$$\nabla^2 V = \frac{\partial^2 V}{\partial x^2} + \frac{\partial^2 V}{\partial y^2} + \frac{\partial^2 V}{\partial z^2} = -\frac{1}{\varepsilon_0}\rho$$

と書ける．電極板が非常に広いので，電位 $V$ は $x$ だけの関数である．この場合のポアソンの方程式は

$$\frac{\partial^2 V}{\partial y^2} + \frac{\partial^2 V}{\partial z^2} = 0, \quad \frac{\partial^2 V}{\partial x^2} = -\frac{1}{\varepsilon_0}\rho \tag{2.26}$$

式 (2.26) を $x$ について 2 回積分すると電位 $V(x)$ は

$$V(x) = C_1 + C_2 x - \frac{\rho x^2}{2\varepsilon_0}\,[\mathrm{V}] \tag{2.27}$$

ただし，$C_1, C_2$ は積分定数である．与えられた境界条件は

$$V(x)|_{x=0} = 0\,[\mathrm{V}], \quad V(x)|_{x=d} = V_0\,[\mathrm{V}] \tag{2.28}$$

式 (2.28) から式 (2.27) の $C_1, C_2$ を求めると

$$V(x)|_{x=0} = 0 = C_1, \quad C_1 = 0$$

$$V(x)|_{x=d} = V_0 = C_2 d - \frac{\rho d^2}{2\varepsilon_0}, \quad C_2 = \frac{V_0}{d} + \frac{\rho d}{2\varepsilon_0}$$

したがって，距離 $x$ での電位 $V(x)$ は $V(x) = \frac{V_0}{d}x + \frac{\rho d}{2\varepsilon_0}x\left(1 - \frac{x}{d}\right)\,[\mathrm{V}]$
電界の強さは $x$ 成分のみを持つので，$E(x)$ は

$$E(x) = -\frac{\partial V(x)}{\partial x} = -\frac{V_0}{d} - \frac{\rho d}{2\varepsilon_0}\left(1 - \frac{2x}{d}\right)\,[\mathrm{V \cdot m^{-1}}]$$

また，電極板 $x = 0\,[\mathrm{m}]$, $x = d\,[\mathrm{m}]$ における表面電荷密度をそれぞれ $\sigma_0\,[\mathrm{C \cdot m^{-2}}]$, $\sigma_d\,[\mathrm{C \cdot m^{-2}}]$ とすると，次式が得られる．

$$\sigma_0 = \varepsilon_0 E(x)|_{x=0} = -\frac{\varepsilon_0 V_0}{d} - \frac{\rho d}{2}\,[\mathrm{C \cdot m^{-2}}]$$

$$\sigma_d = \varepsilon_0 E(x)|_{x=d} = -\frac{\varepsilon_0 V_0}{d} + \frac{\rho d}{2}\,[\mathrm{C \cdot m^{-2}}]$$

## 2章の問題

**2.1** ある点電荷から $1\,\mathrm{cm}$ 離れた点の電界の強さが $100\,\mathrm{kV\cdot m^{-1}}$ である．この点電荷の大きさを求めよ．

**2.2** 点電荷 $Q\,[\mathrm{C}]$ がある．この点電荷から距離 $r\,[\mathrm{m}]$ にある点 P における電界 $E\,[\mathrm{V\cdot m^{-1}}]$ と電位 $V\,[\mathrm{V}]$ を求めよ．

**2.3** 金属球の表面に一様に電荷 $Q\,[\mathrm{C}]$ が帯電している．金属球の外側の点 P における電界 $E\,[\mathrm{V\cdot m^{-1}}]$ と電位 $V\,[\mathrm{V}]$ の関係式を求めよ．

**2.4** 原点 O に点電荷 $Q\,[\mathrm{C}]$ を置き，原点 O から距離 $r\,[\mathrm{m}]$ にある点 $\mathrm{P}(x,\,y,\,z)$ の電界の強さ $E(x)\,[\mathrm{V\cdot m^{-1}}]$, $E(y)\,[\mathrm{V\cdot m^{-1}}]$, $E(z)\,[\mathrm{V\cdot m^{-1}}]$ を求めよ．

**2.5** 真空中に空間電荷が一様に分布している．いま，電極間距離 $d\,[\mathrm{m}]$ の広い平行平板電極間に電位差 $V_0\,[\mathrm{V}]$ を与えるとき，$V=0\,[\mathrm{V}]$ の電極板からの距離 $x\,[\mathrm{m}]$ の電位 $V(x)\,[\mathrm{V}]$ が次式で与えられる．

$$V(x) = V_0 \left(\frac{x}{d}\right)^{4/3} \,[\mathrm{V}]$$

このとき $x\,[\mathrm{m}]$ における電極間の空間電荷密度 $\rho(x)\,[\mathrm{C\cdot m^{-3}}]$ を求めよ．

**2.6** 真電荷と分極電荷について説明せよ．

# 第3章

# 静電界の分類

　本章では，平等電界（uniform field），準平等電界（quasi-uniform field）および**不平等電界**（non-uniform field）の分類について学ぶ．電界を定量的に分類する係数として，**電界利用率**（field utilization factor）と**電界集中係数**（field enhancement factor）がある．ある電極配置に対して，電界利用率は，電界がどれだけ有効に利用されているかを表す係数である．また電界集中係数は，電界が平均電界に比べてどの程度強調されているかを表す係数である．これらの係数による静電界の分類についても学ぶ．

## 3.1 電界利用率と電界集中係数による静電界の分類

電界,または電極配置の不平等性を定量的に表す値として,1922年ドイツのシュワイガー(Schwaiger)は,**電界利用率** $\eta$ を

$$\eta = \frac{E_\mathrm{a}}{E_\mathrm{m}} = \frac{V}{d}\frac{1}{E_\mathrm{m}} \tag{3.1}$$

$$E_\mathrm{m} = \frac{E_\mathrm{a}}{\eta} = \frac{V}{d}\frac{1}{\eta} \tag{3.2}$$

と定義した.ここで,$E_\mathrm{a}$ は平均電界(電極間の印加電圧 $V$ を電極間距離 $d$ で割ったもの),$E_\mathrm{m}$ は電極表面の最大電界である.$\eta$ の逆数 $f$ は,**電界集中係数**あるいは**電界不平等係数**といわれ,$\eta$ と $f$ は,しばしば電力用機器などの絶縁設計に用いられる.

$E_\mathrm{m}$ と $f$ の関係は

$$E_\mathrm{m} = E_\mathrm{a}f = \frac{V}{d}f \tag{3.3}$$

この $\eta$ と $f$ の係数は,ラプラスの方程式をもとに電界計算から求める必要があるが,通常,簡単な関数で表すことができない場合が多い.ただし,単純な電極配置については,無限級数や数値的方法で求めることができる.

$\eta$ は電極配置が決まると印加電圧に無関係に決まる値であり,完全な平等電界では 1 となる.電界分布が不平等なほど 0 に近く,最大電界が無限大となる不平等電界では 0 である.$\eta$ と $f$ のとり得る範囲は

$$0 \leq \eta \leq 1$$
$$1 \leq f < \infty$$

となっている.

図 3.1 に,縁効果(edge effect)を無視した平行平板電極における 2 次元の電気力線と等電位面を示す.縁効果とは,平行平板電極の周縁部で電気力線の集中が起こりやすく,電界が高くなる効果のことである.電極間距離 $d$ に沿って積分し,最大電界 $E_\mathrm{m}$ を求めると

$$E_\mathrm{m} = \frac{V}{d}\frac{1}{\eta} = \frac{V}{d} \tag{3.4}$$

この場合の $\eta$ は $\eta = 1$ となる.

$\eta$ は,電極間の誘電体がどれだけ有効に絶縁に利用されているかを数値化したものである.したがって,$\eta = 1$ の完全平等電界では,電極間の誘電体が最も有効に絶縁に利用されていることになる.

3.1 電界利用率と電界集中係数による静電界の分類　29

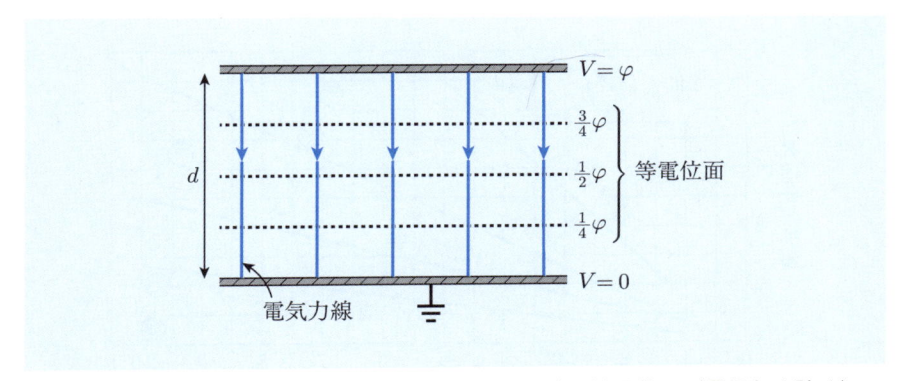

**図3.1** 平行平板電極における2次元の電気力線と等電位面（周縁部を除く）

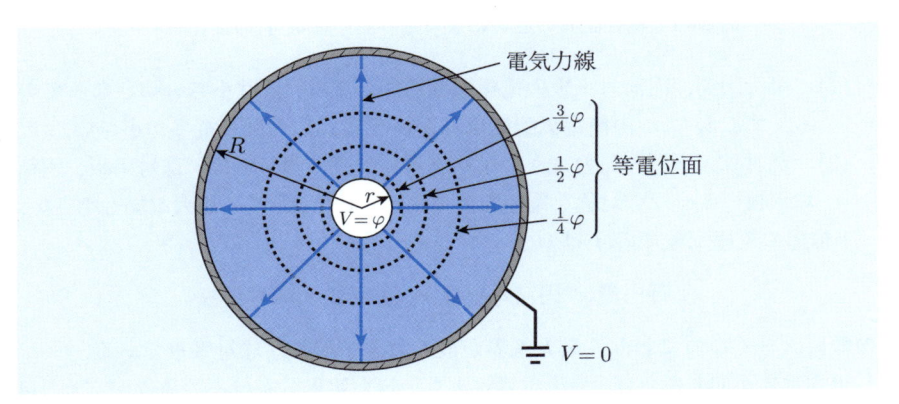

**図3.2** 同軸円筒電極における2次元の電気力線と等電位面

図3.2 に，同軸円筒電極配置における2次元の電気力線と等電位面を示す．この場合，$E_\mathrm{m}$ は内側円筒表面に生じる．いま，内外円筒電極の半径をそれぞれ $r, R$ とすると，$E_\mathrm{m}$ は次のように与えられる．

$$E_\mathrm{m} = \frac{E_\mathrm{a}}{\eta} = \frac{V}{R-r}\frac{1}{\eta} = \frac{V}{r \log \frac{R}{r}} \tag{3.5}$$

$$\eta = \frac{r \log \frac{R}{r}}{R-r} < 1 \tag{3.6}$$

図3.3 は，4種類の電極配置に関して，半径 $r$ と電極間距離 $d$ を同じにし，$\frac{d}{r}$ を変化させたときの電界集中係数 $f$ の値である．ただし，これら4種類の電極配置の平均電界 $E_\mathrm{a} = \frac{V}{d}$ はすべて同じにしてある．図3.3 より，次のことがわかる．

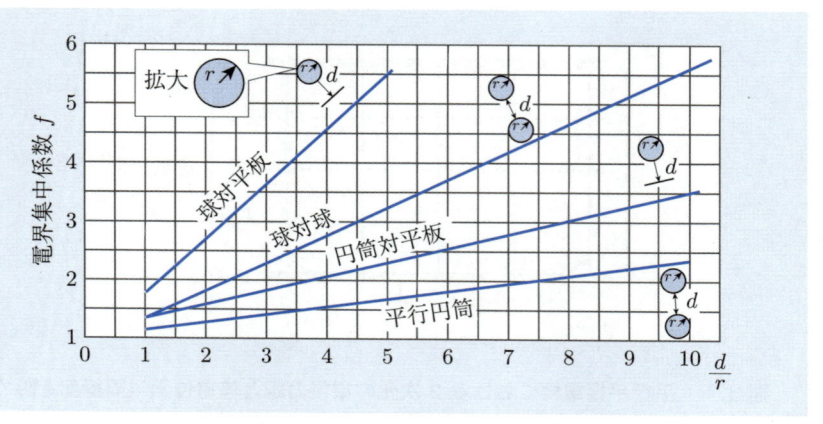

**図 3.3** 電極配置の違いによる電界集中係数 $f$ の変化 [3]

(1) 平行円筒, 円筒対平板の電極配置に関しては, $f$ は小さい値となっている. すなわち, 円筒電極配置は球電極配置に比べ最大電界が小さい.

(2) 球対球, 平行円筒のような対称な電極配置に関しては, 球対平板, 円筒対平板のような非対称な電極配置に比べ, $f$ も小さく, 最大電界も小さい.

4 種類の電極配置での $f$ は

$$平行円筒 < 円筒対平板 < 球対球 < 球対平板$$

の順に大きくなっており, 最大電界が最も大きい配置は球対平板である.

　平均電界が同じならば, 最大電界が大きいほど電界分布は不平等性が高く, 電極間の誘電体の絶縁破壊の開始電圧が低くなる. 逆に最大電界が小さいほど平等電界に近く, 電極間の誘電体の絶縁破壊の開始電圧は高くなる.

　**表 3.1**（p.32）に, 代表的な各種電極配置における最大電界 $E_m$ の式, $E_m$ の生じる場所および電界集中係数 $f$ をそれぞれ示す.

### ■ 例題3.1 ■

表3.1の電界集中係数 $f$ の式を用い，次の4種類の電極配置について $f$ の大きさを比較せよ．ただし，円筒および球の半径を $r$, 電極間距離 $d = 5r =$ 一定 とせよ．
(1) 平行円筒　　(2) 円筒対平板
(3) 球対球　　　(4) 球対平板

【解答】 $d = 5r$ とおいて，表3.1から $f$ の値を求めると

(1) 平行円筒の場合

$$f = \frac{d}{2r \log \frac{d}{r}} = \frac{5r}{2r \log \frac{5r}{r}} = \frac{5}{2 \log 5} = 1.55$$

(2) 円筒対平板の場合

$$f = \frac{d}{r \log \frac{2d}{r}} = \frac{5r}{r \log \frac{10r}{r}} = \frac{5}{\log 10} = 2.17$$

(3) 球対球の場合

$$f = 0.45 \times \left(2 + \frac{d}{r}\right) = 0.45 \times \left(2 + \frac{5r}{r}\right)$$
$$= 0.45 \times 7 = 3.15$$

(4) 球対平板の場合

$$f = 0.94 \times \frac{d}{r} + 0.8 = 0.94 \times \frac{5r}{r} + 0.8$$
$$= 4.7 + 0.8 = 5.50$$

したがって，4種類の電極配置において，電界集中係数 $f$ は

平行円筒 < 円筒対平板 < 球対球 < 球対平板

の順に大きくなっていることが確認できる．

**表3.1** 各種電極配置における最大電界 $E_\mathrm{m}$ と電界集中係数 $f$ [4]

| 電極配置 | $E_\mathrm{m}$ の大きさと $E_\mathrm{m}$ の生じる場所 | $f$ |
|---|---|---|
| 平行平板 | $E_\mathrm{m} = \dfrac{V}{d}$<br>（周縁部を除くすべて） | 1 |
| 同軸円筒 | $E_\mathrm{m} = \dfrac{V}{r \log \dfrac{R}{r}}$<br>（内側円筒表面） | $\dfrac{R-r}{r \log \dfrac{R}{r}}$ |
| 同心球 | $E_\mathrm{m} = \dfrac{RV}{r(R-r)}$<br>（内側球表面） | $\dfrac{R}{r}$ |
| 球対球 | $E_\mathrm{m} = 0.9 \dfrac{V}{2d} \left(2 + \dfrac{d}{r}\right)$<br>（球間で最も近い球表面上） | $0.45 \left(2 + \dfrac{d}{r}\right)$ |

## 3.1 電界利用率と電界集中係数による静電界の分類

表3.1 （続き）

| 電極配置 | $E_m$ の大きさと $E_m$ の生じる場所 | $f$ |
|---|---|---|
| 平行円筒<br>$2r \leftrightarrow \quad 2r$<br>$\;\;d\;\;$ | $E_m = \dfrac{V}{2r \log \dfrac{d}{r}}$<br>ただし，$d \gg r$<br>（円筒間で最も近い円筒表面上） | $\dfrac{d}{2r \log \dfrac{d}{r}}$ |
| 球対平板<br>$2r$, $d$ | $E_m = \dfrac{V}{d}\left(0.94\dfrac{d}{r} + 0.8\right)$<br>（平板に最も近い球面上） | $0.94\dfrac{d}{r} + 0.8$ |
| 円筒対平板<br>$2r$, $d$ | $E_m = \dfrac{V}{r \log\left(\dfrac{2d}{r}\right)}$<br>ただし，$d \gg r$<br>（平板に最も近い円筒上） | $\dfrac{d}{r \log\left(\dfrac{2d}{r}\right)}$ |
| 針(双曲面)対平板<br>$r$：針先端曲率半径<br>$r$, $d$ | $E_m = \dfrac{2V}{r \log \dfrac{4d}{r}}$<br>ただし，$d \gg r$<br>（針電極先端） | $\dfrac{2d}{r \log \dfrac{4d}{r}}$ |

## 3.2 不平等性による電界の分類

電界分布は，おおまかに平等電界（一様電界）と不平等電界の2つに分類されることが多い．ここでは，電界を**全路破壊電圧**（complete breakdown voltage）$V_B$，**局部破壊電圧**（partial breakdown voltage）$V_i$，電界利用率 $\eta$ および電界集中係数 $f$ の大きさをもとに，便宜上，電界を (1) 平等，(2) 準平等，(3) 不平等の3つに分類する（図3.4参照）．

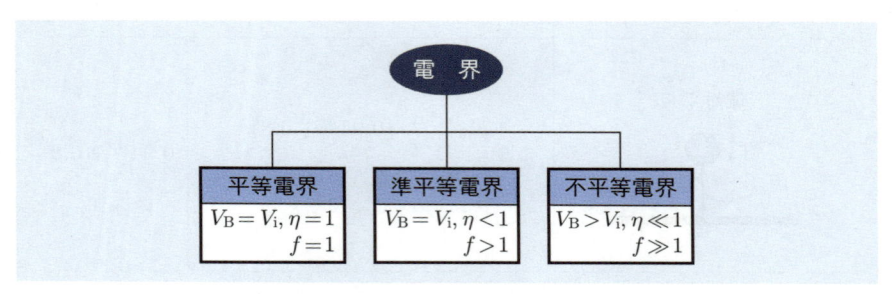

```
                    電 界
         ┌───────────┼───────────┐
    平等電界      準平等電界      不平等電界
  V_B = V_i, η=1  V_B = V_i, η<1  V_B > V_i, η≪1
       f=1            f>1            f≫1
```

図3.4　不平等性による電界の分類 [5]

誘電体にある値以上の電圧が印加されると，誘電体が導体として作用するようになる．この現象を絶縁破壊といい，それに伴って電流が流れることを**放電**（electric discharge）という．

図3.5 に，全路破壊の分類を示す．**全路破壊**（complete breakdown）とは，電極間にある誘電体が，導電性の高い放電破壊路で結ばれた状態をいう．全路破壊の例としては，**グロー放電**（glow discharge），**アーク放電**（arc discharge），**火花放電**（sparkover discharge），**貫通破壊**（puncture breakdown）などがある．

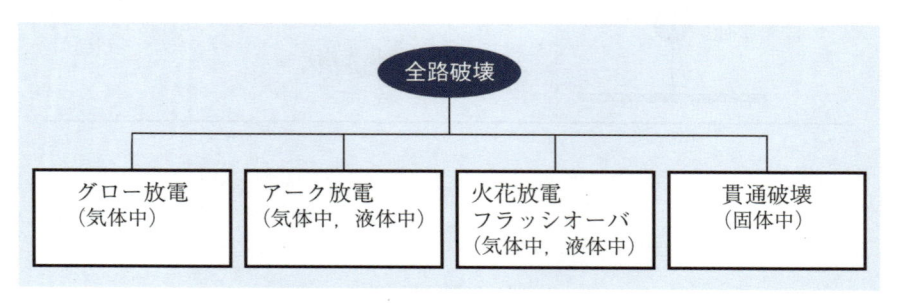

```
                    全路破壊
      ┌──────────┬──────────┬──────────┐
   グロー放電   アーク放電    火花放電     貫通破壊
   （気体中）  （気体中，液体中） フラッシオーバ  （固体中）
                          （気体中，液体中）
```

図3.5　全路破壊の分類

図3.6 に局部破壊の分類を，図3.7 に局部破壊の種類をそれぞれ示す．**局部破壊**（partial breakdown）とは，電極間にある誘電体の一部分が絶縁破壊することをいう．局部破壊には大きく分けて，**部分放電**（partial discharge）と**内部破壊**（internal breakdown）がある．

(a) **部分放電** 電極間にある気体中で部分的に発生する放電である．部分放電には，固体中の**ボイド放電**やバリア材料を介した**バリア放電**も含まれる．特に，気体中の導体表面に発生する部分放電を**コロナ放電**（corona discharge）と呼ぶことがある．また，**沿面放電**（surface discharge）とは，異なる相の誘電体が接する界面に沿って生じる放電のことである．

(b) **内部破壊** 液体中，固体中で起こる局部破壊のことである．この内部破壊には，**油中コロナ放電**，**油中ストリーマ放電**，固体誘電体中の**トリーイング**などが含まれる．ただし，内部破壊を部分放電として扱う場合もある．

次に，3種類の電界の特徴について述べる．

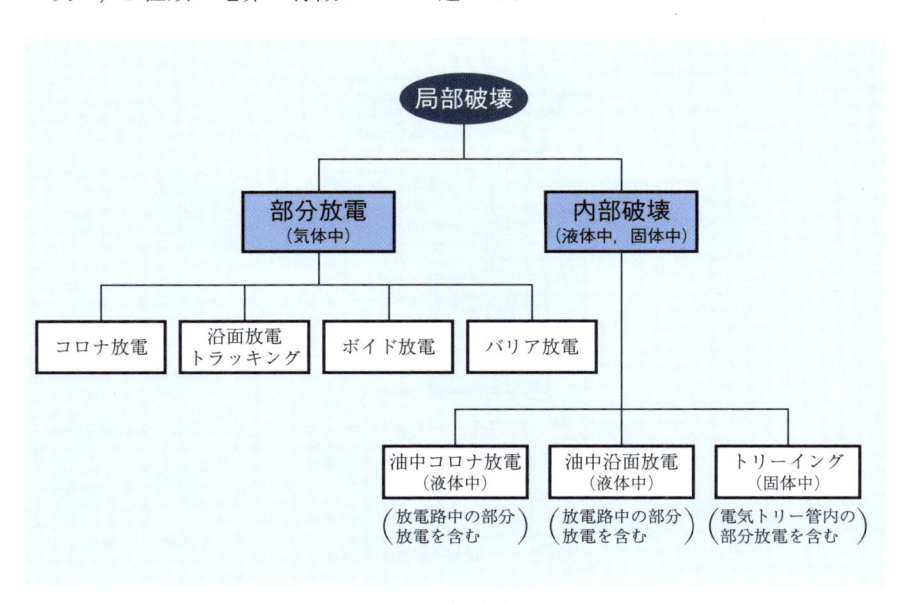

図3.6 局部破壊の分類

第3章 静電界の分類

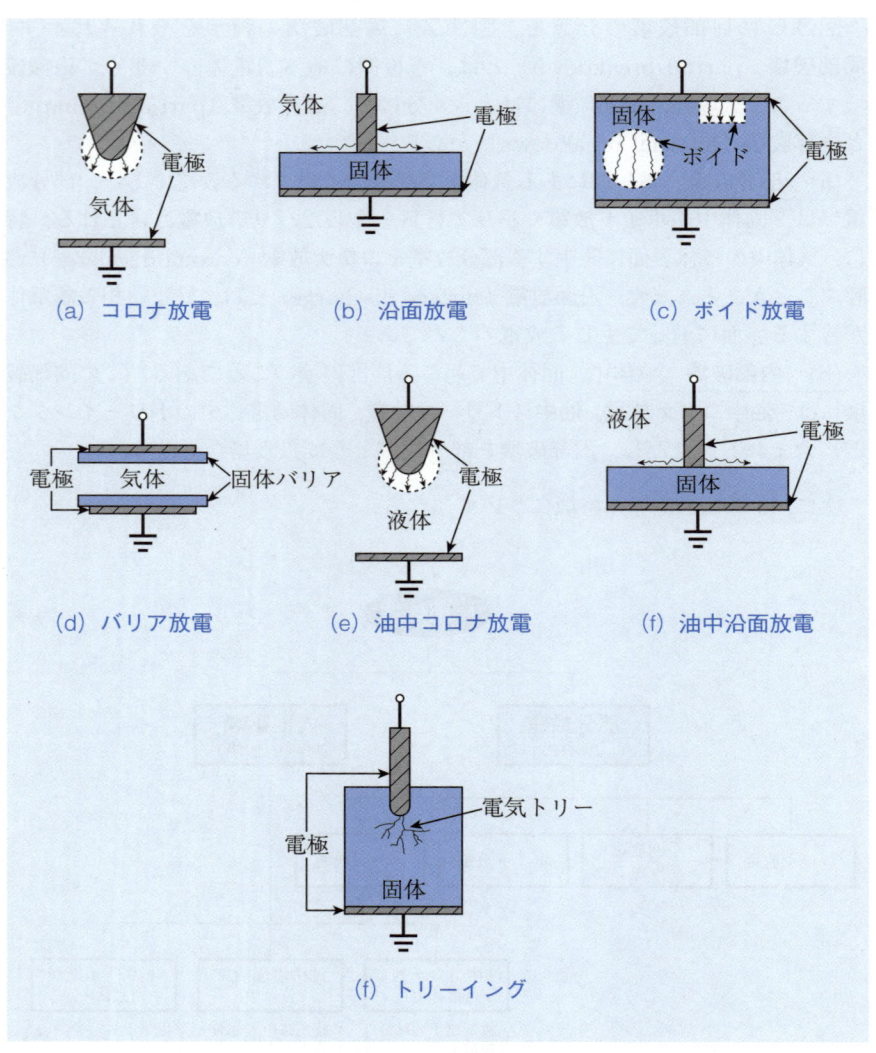

(a) コロナ放電
(b) 沿面放電
(c) ボイド放電
(d) バリア放電
(e) 油中コロナ放電
(f) 油中沿面放電
(f) トリーイング

図3.7 局部破壊の種類

### 3.2.1 平等電界

電界が誘電体内のすべての点で一様となる電界を**平等電界**という．完全な平等電界となる電極配置は，無限に大きい電極を必要とし，現実にはあり得ない．有限の大きさで平等電界となる電極配置は，基本的には平らな部分と丸めた部分とからなるが，電極周縁部において電界が上昇しないように，緩やかなカーブで変化するように丸める必要がある．**ロゴスキー電極**（Rogowski electrode）などがその例である．平等電界では，電位分布は線形（直線）であり，等電位面と電気力線は完全な四角形を作っている．図3.8 に，平行平板電極配置における電位分布と電界分布を示す．この電極配置では，電極周縁部を除くと平等電界となっている．平等電界の重要な特性の一つは，局部破壊なしに絶縁破壊することである．すなわち，$V_B = V_i$ となる．また，完全な平等電界であれば，$\eta = 1$，$f = 1$ となる．

平等電界電極配置は，各種の誘電体の電気的特性の測定，絶縁破壊実験，あるいはキャパシタや MOSFET の誘電体膜などの基本形状として用いられる．

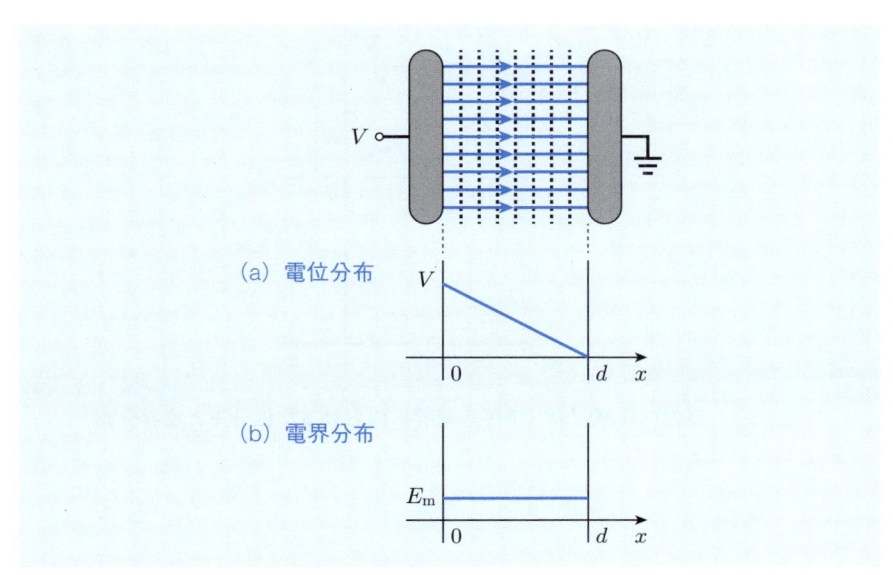

図3.8　平行平板電極配置（平等電界）における電位分布と電界分布（周縁部を除く）

### 3.2.2 準平等電界

準平等電界では,平等電界と同様に,$V_B = V_i$ となり,全路破壊以前に安定な局部破壊は生じない.準平等電界では,$\eta < 1$ または $f > 1$ となる.ただし,$\eta$ または $f$ がどのような値のとき準平等電界から不平等電界に移行するかは,電極の形状や電極間の誘電体の物理的条件に依存する.このような準平等電界の例としては,同軸円筒電極,同心球電極,球対球電極などの配置がある.図 3.9 に,球対球電極配置における電位分布と電界分布を示す.

準平等電界に近い電極配置は,実用上,電力ケーブルやガス絶縁開閉器 (GIS) などの基本形状として用いられている.

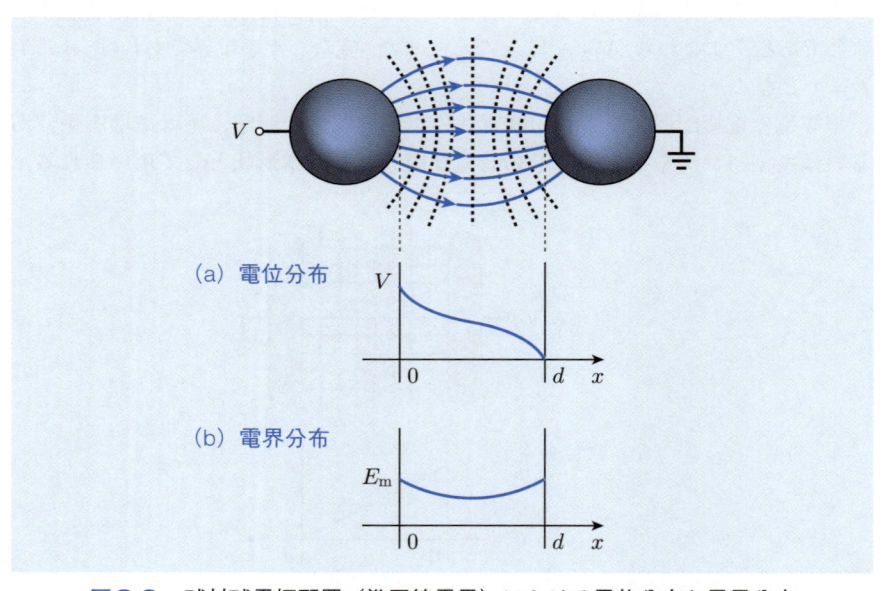

(a) 電位分布

(b) 電界分布

図 3.9　球対球電極配置(準平等電界)における電位分布と電界分布

### 3.2.3 不平等電界

**不平等電界**では，平等電界および準平等電界と異なり，不平等性が高いため，$V_B > V_i$, $\eta \ll 1$, $f \ll 1$ となる．すなわち，不平等電界における絶縁破壊の過程では，常に安定な局部破壊が先行して生じ，その後，全路破壊に至る．この場合の局部破壊は，全路破壊直前にのみ不安定となる．針電極においては，針先端付近に極めて高い電界が発生している一方で，それ以外の場所での電界は比較的小さくなっている．図3.10 に，針対針電極配置における電位分布と電界分布を示す．

不平等電界となる電極配置は広く用いられているが，極度な不平等電界となる電極配置は，絶縁設計の立場からすると避けなければならない．

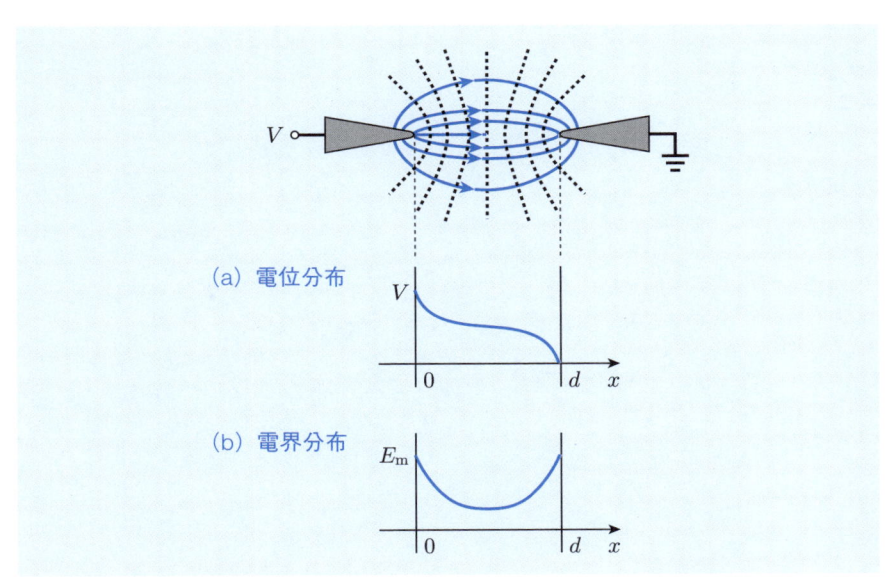

図3.10 針対針電極配置（不平等電界）における電位分布と電界分布

# 3章の問題

**3.1** 電界利用率と電界集中係数の定義について述べよ．

**3.2** 一様な電界（平等電界）を作る代表的な電極配置を挙げ，電気力線と等電位面（線）の様子を描け．

**3.3** 同軸円筒電極配置における電界利用率 $\eta$ と $\frac{外側半径 R}{内側半径 r}$ の関係を図に示せ．ただし，外側半径 $R = $ 一定 とせよ．

**3.4** 同軸円筒電極配置（外側半径 $R$ [m]，内側半径 $r$ [m]）において，電極間に電圧 V [V] が印加されている．$R = $ 一定 とし，$r$ を変化させたとき，半径 $r$ の内側電極上の電界が最も低くなる条件を求めよ．

# 第4章

# 静電界の計算法

　一般的な電極配置に対して静電界を求めることは簡単なことではない．静電界の解法においては，境界条件を踏まえ，ポアソンおよびラプラスの方程式をどのように解くかが問題である．**解析的手法**（analytical method）としては，**等角写像法**（conformal mapping method），**影像法**（image method）などがあるが，いずれも解が得られるのは特殊な電極配置の場合に限られる．したがって，これらの方程式の解法には，近似的であるが，**差分法**（finite difference method），**有限要素法**（finite element method），**電荷重畳法**（charge simulation method）などの**数値解析法**（numerical method）に頼らざるを得ない．実際の電気機器などの2次元および3次元の電界解析には，コンピュータを駆使した数値解析法が用いられている．

　本章では，解析的手法である等角写像法と影像法について，また数値解析法である差分法，有限要素法，電荷重畳法について，それぞれ学ぶ．

## 4.1 解析的手法

### 4.1.1 等角写像法

この**等角写像法**は，複素関数における等角写像の性質を利用して 2 次元電界を解析的に求める手法である．等角写像法の原理を使うと，平等電界や円筒電界などの既知の電界をもとに，不平等電界を求めることができる．

図4.1 に示すように，実数軸と虚数軸を持つ 2 つの複素平面，$z$ 平面と $w$ 平面を考え，複素変数および相互の関数関係を次のように定める．

$$z = x + jy$$
$$w = u(x,y) + jv(x,y)$$
$$w = f(z)$$

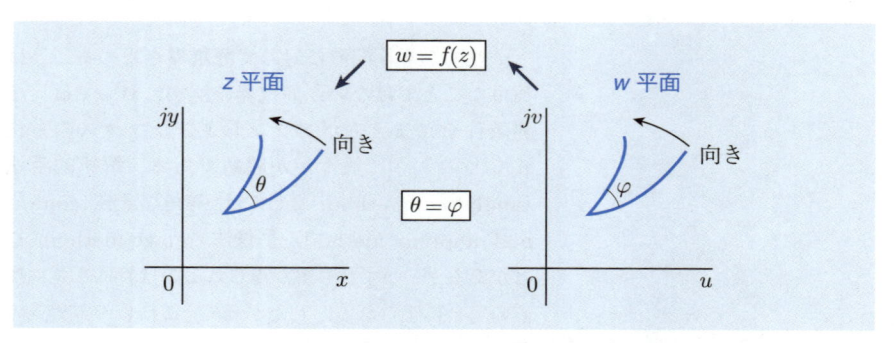

**図4.1** $w = f(z)$ の等角写像

$z$ 平面と $w$ 平面の間には写像という性質がある．複素関数 $\omega = f(z)$ が $z$ で微分可能，つまり微分係数 $\frac{dw}{dz} = f'(z)$ を持つとき，**正則**であるという．また，微分可能である $f(z)$ のことを**正則関数**と呼ぶ．複素関数 $w = f(z)$ が正則関数であれば，$z$ 平面と $w$ 平面の間では等角にかつ同じ向きに写像される．また，$f(z)$ の実数部である曲線群 $u(x,y)$ と虚数部である曲線群 $v(x,y)$ は，次式の**コーシー–リーマンの方程式**（Cauchy-Riemann's equation）を満たす．

$$\frac{\partial u}{\partial x} = \frac{\partial v}{\partial y}, \quad \frac{\partial u}{\partial y} = -\frac{\partial v}{\partial x} \tag{4.1}$$

式 (4.1) より，$u(x,y)$ と $v(x,y)$ は，それぞれ 2 次元の**ラプラスの方程式**を満たすこともわかる．

$$\frac{\partial^2 u}{\partial x^2} + \frac{\partial^2 u}{\partial y^2} = 0, \quad \frac{\partial^2 v}{\partial x^2} + \frac{\partial^2 v}{\partial y^2} = 0$$

式 (4.1) は，$u(x,y)$ と $v(x,y)$ が互いに直交していることを意味している．したがって，正則関数 $f(z)$ の実数部 $u(x,y) = c$ を電気力線群とすれば，虚数部 $v(x,y) = k$ は等電位線群とみなしてよい．

次に，$w = f(z) = z^{1/2}$ の写像を用い，$w$ 平面の平等電界を $z$ 平面の放物線電界に変換する例を示す．

$$w^2 = f^2(z) = (u+jv)^2 = u^2 - v^2 + j2uv = z = x + jy$$

実数部と虚数部を分離すると

$$x = u^2 - v^2, \quad y = 2uv \tag{4.2}$$

式 (4.2) より，$v$ を消去した式と $u$ を消去した式を次に示す．

$$y^2 = 4u^2(u^2 - x), \quad y^2 = 4v^2(x + v^2)$$

ここで，$u = c_1 = $ 一定，$v = k_1 = $ 一定 とすると

$$y^2 = 4c_1^2(c_1^2 - x), \quad y^2 = 4k_1^2(x + k_1^2)$$

これらの式は，図4.2 に示すように，$x$ 軸を軸とし，座標の原点を焦点とする共焦点放物線である．$w$ 平面上の $u = $ 一定，$v = $ 一定 の直線群は，$z$ 平面上では $u = $ 一定，$v = $ 一定 の放物線群に変換され，$u = c$ を電気力線群とすると，$v = k$ は等電位線群になる．$w = z^{1/2}$ の変換によって，半無限平板電極付近の電気力線と等電位線の様子を調べることができる（図4.3参照）．

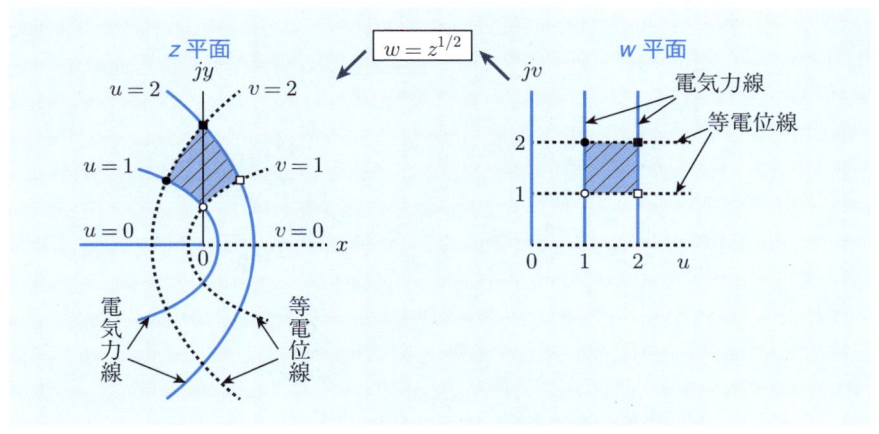

図4.2　$w = z^{1/2}$ の等角写像による平等電界から放物線電界（不平等電界）への変換 [1]

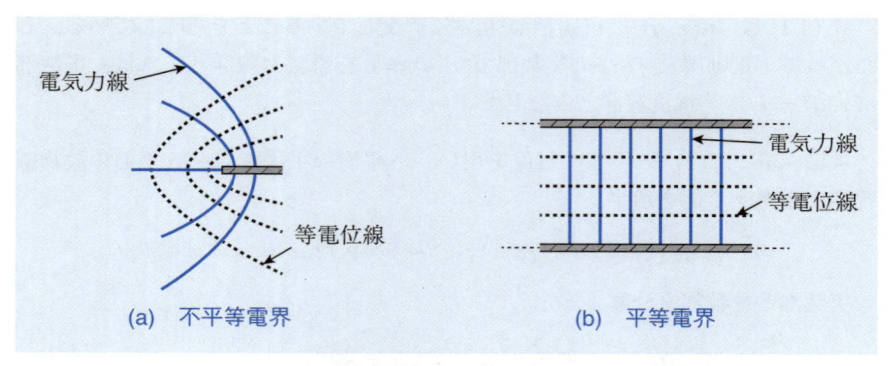

図4.3 半無限平板電極付近の電気力線と等電位線

(a) 不平等電界
(b) 平等電界

## 4.1.2 影 像 法

この**影像法**は，電極配置の幾何学的な特徴，すなわち導体や誘電体の特別な形状をうまく利用して静電界の解を得る方法である．

(a) <u>半無限導体平面と点電荷</u>　半無限に広い導体平面 $\mathrm{OO}'$ $(x=0)$ を考え，この平面より $a$ だけ離れた点 A に，点電荷 $q$ を置く．この場合の電気力線の様子を図4.4 **(a)** に示す．ここでは，点 O を原点にとり，$\mathrm{AA}'$ を $x$ 軸に，導体平面 $\mathrm{OO}'$ を $y$ 軸にとる．また，$\mathrm{AP}=r_1$, $\mathrm{A}'\mathrm{P}=r_2$ とする．点 A に正の点電荷 $q$ を置くと，静電誘導により，導体平面上に点電荷 $q$ と反対の負電荷が現れ，両電荷間に吸引力が働く．$x>0$ の領域における任意の点 $\mathrm{P}(x,y,z)$ の電位は，

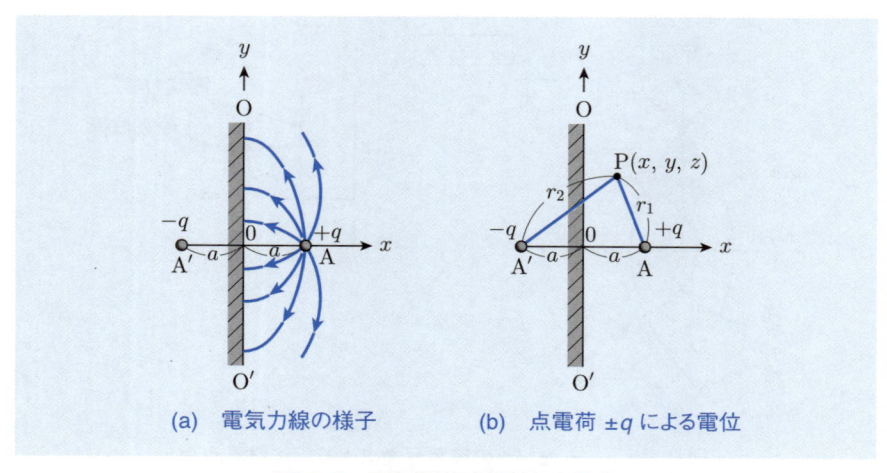

(a) 電気力線の様子
(b) 点電荷 $\pm q$ による電位

図4.4 半無限導球平面と点電荷

次の 2 つの境界条件を満足する必要がある．
 (1) 導体平面より右に存在する電荷は，点電荷 $q$ のみである．
 (2) 導体平面は等電位面であり，電界は導体平面に垂直である．

いま，点 A′ ($x = -a$) に $-q$ の点電荷を置く．この $-q$ の点電荷は，点 A ($x = a$) における点電荷 $q$ と鏡像の関係にある．このような電荷は**影像電荷** (image charge) と呼ばれる．

次に，点電荷 $q$ と影像電荷 $-q$ の 2 つの点電荷が作る電界を求めてみる．この電界は，$x > 0$ の領域において，(1) の条件を満たしている．さらに，電界は OO′ 面に垂直であり，(2) の条件も満たしている．ここで，導体平面を取り去って，点 A′ に影像電荷 $-q$ を置いてみる．

ところで，$x > 0$ の領域で点 P の電位 $V$ は，<u>同図 **(b)**</u> から次のように求められる．

$$V = \frac{q}{4\pi\varepsilon_0 r_1} - \frac{q}{4\pi\varepsilon_0 r_2}$$
$$= \frac{q}{4\pi\varepsilon_0}\left(\frac{1}{\sqrt{(x-a)^2+y^2+z^2}} - \frac{1}{\sqrt{(x+a)^2+y^2+z^2}}\right) \quad (4.3)$$

式 (4.3) より，$x = 0$ のとき，電位 $V = 0$ となる．また，式 (4.3) を式 (2.18) に代入すると，$\nabla^2 V = 0$ となり，ラプラスの方程式を満足することもわかる．

電位 $V$ がわかれば，式 (2.15) を使って電界を求めることができる．ここで，$x = 0$ における導体面の電界の強さを求めると

$$E(x)|_{x=0} = -\frac{qa}{2\pi\varepsilon_0}\frac{1}{(a^2+y^2+z^2)^{3/2}}$$

電界の方向は，導体平面に垂直で左向きである．

 (b) **<u>接地導体球と点電荷</u>** 図 **4.5** に示すように，点 O を中心とする接地された半径 $a$ の導体球がある．中心 O から $d$ だけ離れた点 P に，点電荷 $q$ を置いてみる．また，PC $= r_1$，P′C $= r_2$ と置く．点電荷 $q$ による静電誘導により，導体球上の点 A 周辺に $q$ と反対符号の負電荷が，また点 B 周辺には同符号の正電荷が現れる．この場合，導体球が接地されているので，正電荷は大地へ逃げてしまい，導体球上には点 A 付近の負電荷のみが残る．その結果，点電荷 $q$ と導体球の負電荷の間に吸引力が働くことになる．

この場合の満足すべき境界条件としては，次の 2 つがある．
 (1) 導体球の外側には電荷 $q$ のみが存在する．
 (2) 導体球の表面は電位 0 である．

いま，影像電荷を決定するために，OA 上に中心 O から距離 $\frac{a^2}{d}$ だけ離れた

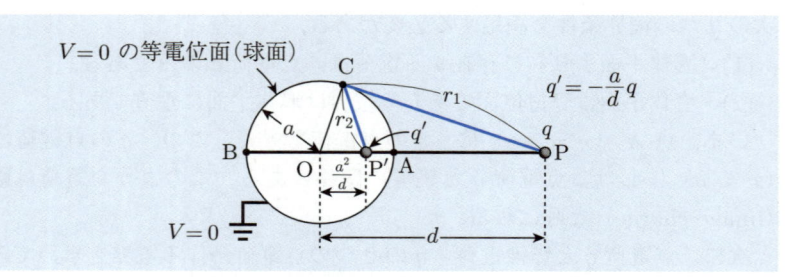

**図4.5 接地導体球と点電荷**

点 P′ に $q'$ の点電荷を置いて，導体球を取り去ってみる．図4.5 をもとにして，△OPC と △OP′C が相似になるように球面上の点 C を決めると，次の関係が得られる．

$$\text{OC} : \text{OP} = \text{OP}' : \text{OC} \tag{4.4}$$

$$\frac{\text{OC}}{\text{OP}} = \frac{\text{OP}'}{\text{OC}} = \frac{\text{CP}'}{\text{CP}} = \frac{r_2}{r_1} \tag{4.5}$$

点 P′ に影像電荷 $q'$ を置くと，これと点 P の点電荷 $q$ とによる導体球上の電位 $V$ は

$$V = \frac{1}{4\pi\varepsilon_0}\left(\frac{q}{r_1} + \frac{q'}{r_2}\right) = \frac{q}{4\pi\varepsilon_0 r_1}\left(1 + \frac{q' r_1}{q r_2}\right) \tag{4.6}$$

式 (4.6) が条件 (1) を満足するためには，$V = 0$ となる必要がある．

$$\frac{r_1}{r_2} = -\frac{q}{q'}, \quad q' = -\frac{r_2}{r_1} q \tag{4.7}$$

ここで，式 (4.5) の関係より $\frac{r_2}{r_1} = \frac{\text{OC}}{\text{OP}} = \frac{a}{d}$ となる．ゆえに影像電荷 $q'$ は

$$q' = -\frac{a}{d} q$$

また，影像電荷を置く影像点は，式 (4.5)，式 (4.7) から

$$\text{OP}' = \frac{\text{OC}^2}{\text{OP}} = \frac{a^2}{d}$$

接地された導体球においては，影像点 $\frac{a^2}{d}$ に影像電荷 $-\frac{qa}{d}$ を置くことにより，導体球外の点電荷による電界をクーロンの法則を用いて求めることができる．

図4.6 に，接地導体球と点電荷による電気力線の様子を示す．

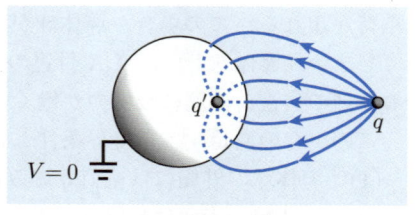

**図4.6 接地導体球と点電荷による電気力線の様子**

(c) **誘電体界面と点電荷** 図4.7 に示すように，2種類の誘電体が界面 OO′ において接し，一方の誘電体中の点 A に点電荷 $q$ がある場合の電界を考える．この場合，次の3つの境界条件を満足する必要がある．
(1) 界面 OO′ の右側の誘電体（誘電率 $\varepsilon_1$）中には，電荷 $q$ のみ存在している．
(2) 界面 OO′ の左側の誘電体（誘電率 $\varepsilon_2$）中には，電荷は存在しない．

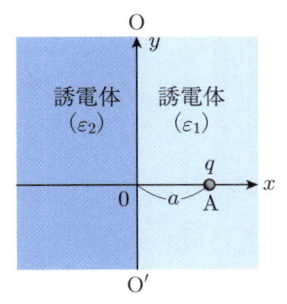

図4.7 誘電体界面と点電荷

(3) 界面の両側において，電束密度の垂直成分は等しく，かつ電界の強さの接線成分は等しい．

誘電体中の電界の求め方としては，それぞれの誘電体中において別々に電界を求める．右側の誘電体中の電界を求めるときには，図4.8 **(a)** のように，誘電体全体が誘電率 $\varepsilon_1$ の誘電体で満たされ，かつ点 A′ に点電荷 $q'$ を置いた場合の電界に等しいとする．この点電荷 $q'$ と点 A の点電荷 $q$ による合成電界が $\varepsilon_1$ の誘電体中の電界であるとする．この場合の任意の点 P$(x, y, z)$ の電位 $V_1$ は

$$V_1 = \frac{q}{4\pi\varepsilon_1 r_1} + \frac{q}{4\pi\varepsilon_1 r_2}$$
$$= \frac{q}{4\pi\varepsilon_1 \sqrt{(x-a)^2+y^2+z^2}} + \frac{q'}{4\pi\varepsilon_1 \sqrt{(x+a)^2+y^2+z^2}} \quad (4.8)$$

次に，左側の誘電体中の電界を求めるときには，同図 **(b)** のように誘電体全体が誘電率 $\varepsilon_2$ の誘電体で満たされ，かつ点 A に点電荷 $q''$ がある場合の電界に等しいとする．この点電荷 $q''$ による電界が $\varepsilon_2$ の誘電体中の電界であるとする．

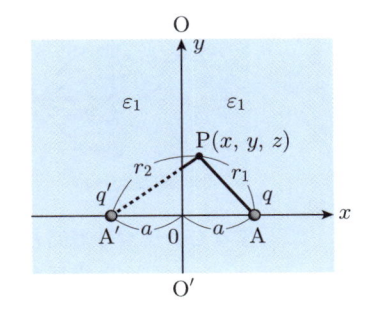

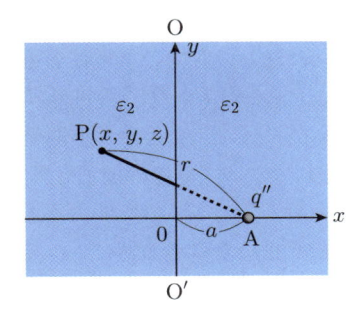

(a) $\varepsilon_1$ で満たされたときの電位　　(b) $\varepsilon_2$ で満たされたときの電位

図4.8 誘電体中の点電荷と電位（電界）

この場合の任意の点 $\mathrm{P}(x, y, z)$ の電位 $V_2$ は

$$V_2 = \frac{q''}{4\pi\varepsilon_2 r} = \frac{q''}{4\pi\varepsilon_2\sqrt{(x+a)^2+y^2+z^2}} \tag{4.9}$$

ここで, $x=0$ の界面で, $V_1, V_2$ が等しいから

$$\frac{q+q'}{4\pi\varepsilon_1\sqrt{a^2+y^2+z^2}} = \frac{q''}{4\pi\varepsilon_2\sqrt{a^2+y^2+z^2}} \tag{4.10}$$

式 (4.10) より

$$\frac{q+q'}{\varepsilon_1} = \frac{q''}{\varepsilon_2} \tag{4.11}$$

また, $x=0$ の界面においては, $\varepsilon_1$ 側と $\varepsilon_2$ 側の電束密度の垂直成分 $D_1(x)$, $D_2(x)$ は等しいから

$$\varepsilon_1 \frac{\partial V_1}{\partial x}\Big|_{x=0} = \varepsilon_2 \frac{\partial V_2}{\partial x}\Big|_{x=0} \tag{4.12}$$

式 (4.12) に式 (4.8) と式 (4.9) を代入すると

$$q - q' = q'' \tag{4.13}$$

式 (4.11), 式 (4.13) から

$$q' = \frac{\varepsilon_1 - \varepsilon_2}{\varepsilon_1 + \varepsilon_2} q \tag{4.14}$$

$$q'' = \frac{2\varepsilon_2}{\varepsilon_1 + \varepsilon_2} q \tag{4.15}$$

式 (4.14) と式 (4.15) のように, $q'$ および $q''$ を定めれば, 境界条件 (3) が満足される.

左側の誘電体中の電界を考えるときには, 図4.8 (b) のように, 点 A に点電荷 $q''$ を置く. そのときの電界は点 A を中心とする放射状になる. これに対し, 右側の誘電体の電界を考えるときには, 図4.8 (a) の $q'$ の符号は式 (4.14) に示すように, $\varepsilon_1$ と $\varepsilon_2$ との大小関係によって変わり, それによって電界の様子も異なってくる.

図4.9 は, $\varepsilon_1 > \varepsilon_2$ の条件のときの電気力線の様子を示したものある.

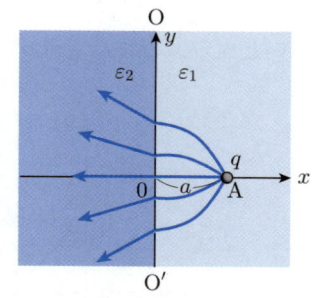

図4.9 誘電体界面と点電荷による電気力線の様子 ($\varepsilon_1 > \varepsilon_2$ の条件)

## 4.2 数値解析法

電圧，電界は場所とともに連続的に変化するアナログ量であるが，この連続的なアナログ量をデジタル量（離散化，有限化）に変換し，コンピュータで数値計算するのが**数値解析法**である．電界分布を有限に取り扱えるように分割するには，領域を分割する方法と境界を分割する方法の 2 通りがある．

- 領域を分割する計算法は，領域を有限個に分割し分割点の電位を未知数とする方法．この計算法には，差分法，有限要素法などがある．
- 境界を分割する計算法は，境界と境界上に存在する電荷を分割することによって電界を求める方法．この計算法には，電荷重畳法，表面電荷法などがある．

境界分割法は，与えられた境界条件のもとでラプラスの方程式を満足する解はただ 1 つであるという，静電界の一意性の定理をもとにした方法ということもできる．

### 4.2.1 差 分 法

**差分法**とは，空間を格子で分割し，各格子点の電位をテイラー展開して，差分方程式に直してラプラスの方程式を解く方法である．

ここでは簡単のため，2 次元の場合について説明する．図 4.10 は，2 次元の領域を一片が $h$ の小さな正方形で分割したものである．格子の電位に番号をつけ，これらの電位の間の関係式は，ラプラスの方程式を近似した差分法で表される．いま，ある点の電位を $\phi_0$ と置き，この点に最も近い 4 点の電位を $\phi_1 \sim \phi_4$ として，これらの間の関係式を導く．2 次元のラプラスの方程式は，電位を $\phi$ とすると次のようになる．

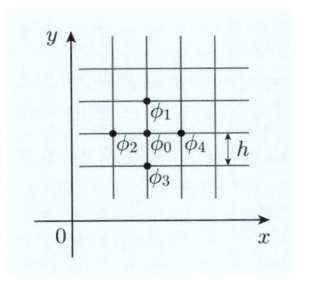

**図 4.10** 差分法の領域分割

$$\frac{\partial^2 \phi}{\partial x^2} + \frac{\partial \phi}{\partial y^2} = 0$$

電位 $\phi_0$ の点において，$\phi$ を $x$ 方向で 2 回偏微分した $\frac{\partial^2 \phi}{\partial x^2}$ の近似式を，電位の差分として次のように表してみる．

$$\frac{\partial^2 \phi}{\partial x^2} \fallingdotseq \frac{\frac{\phi_1 - \phi_0}{h} - \frac{\phi_0 - \phi_3}{h}}{h} = \frac{\phi_1 + \phi_3 - 2\phi_0}{h^2}$$

同様に，$\phi$ を $y$ 方向で 2 回偏微分すると

$$\frac{\partial^2 \phi}{\partial y^2} \fallingdotseq \frac{\frac{\phi_2-\phi_0}{h}-\frac{\phi_0-\phi_4}{h}}{h} = \frac{\phi_2+\phi_4-2\phi_0}{h^2}$$

ゆえに $\frac{\partial^2 \phi}{\partial x^2} + \frac{\partial^2 \phi}{\partial y^2} = \frac{\phi_1+\phi_2+\phi_3+\phi_4-4\phi_0}{h^2}$ となる．したがって，ラプラスの方程式は次のような差分式で近似される．

$$\phi_0 = \frac{\phi_1+\phi_2+\phi_3+\phi_4}{4} \tag{4.16}$$

ある点の電位 $\phi_0$ は，その周りの点の電位の平均値となっている．差分法では分割した各点についてこのような差分式を作り，電極表面における境界条件をもとに解を求める．

### 4.2.2 有限要素法

**有限要素法**とは，領域を細かく分割（分割された単位を有限要素という）し静電エネルギー最小の原理をもとに電位を求める方法である．有限要素の形は三角形がよく用いられる．

すなわち，各要素に蓄えられる静電エネルギー $W$ を計算し，その総和が最小になるような条件を求める．いま，図4.11に示すように，ある三角形の頂点（節点と呼ぶ）の電位を $\phi_1, \phi_2, \phi_3$ とする．この三角形内部の任意の点の電位 $\phi$ は，$\phi_1, \phi_2, \phi_3$ の簡単な関数で表現される（たとえば $\phi_1, \phi_2, \phi_3$ の1次式）．これにより，誘電体内の全領域の電位が定式化され，誘電率 $\varepsilon$ の誘電体に蓄えられる単位体積当たりの静電エネルギーは $\frac{1}{2}\varepsilon E^2$ であるから，静電エネルギー $W$ は次のように表せる．

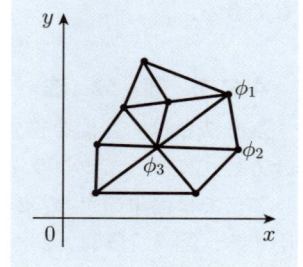

**図4.11** 有限要素法における領域の分割

$$\begin{aligned} W &= \tfrac{1}{2}\int_v \varepsilon E^2 dv = \tfrac{1}{2}\int_v \varepsilon (\operatorname{grad}\phi)^2 dv \\ &= \tfrac{1}{2}\int_v \varepsilon \left\{ \left(\tfrac{\partial \phi}{\partial x}\right)^2 + \left(\tfrac{\partial \phi}{\partial y}\right)^2 + \left(\tfrac{\partial \phi}{\partial z}\right)^2 \right\} dxdydz \end{aligned} \tag{4.17}$$

$W$ を最小にする条件は次のようになる．

$$\frac{\partial W}{\partial \phi} = 0 \tag{4.18}$$

式 (4.18) より，各要素の節点の電位が求められる．有限要素法と差分法はよく似ているが，有限要素法は差分法に比べより一般性があり，電界計算のみならず工学の分野で広く使われている．

### 4.2.3 電荷重畳法

電荷 重 畳 法とは，電極内部に配置した有限個の仮想電荷の重畳により誘起される電位を，電極上の電位と等しくなるようにして解析する方法である．

ここでは，図4.12に示すような太い柄のついた球電極を考える．この球電極を中空とし，内部に点電荷 $Q_1$，半径 $r$ のリング状電荷 $Q_2$，線状電荷 $Q_3$ を置く．この3つの電荷による電位を計算し，電極表面上の3点 $P_1$, $P_2$, $P_3$ において電極上の電位 $V$ に等しくなるように $Q_1$, $Q_2$, $Q_3$ を定める．境界条件を満足するように仮想電荷の数と形，輪郭点を適当に選ぶと，任意点の電界と電位が求められる．この電荷重畳法には

- 電荷分布から直接電界を求められること
- 少ない数の仮想電荷（未知数）で電界が求められること

などの長所がある．

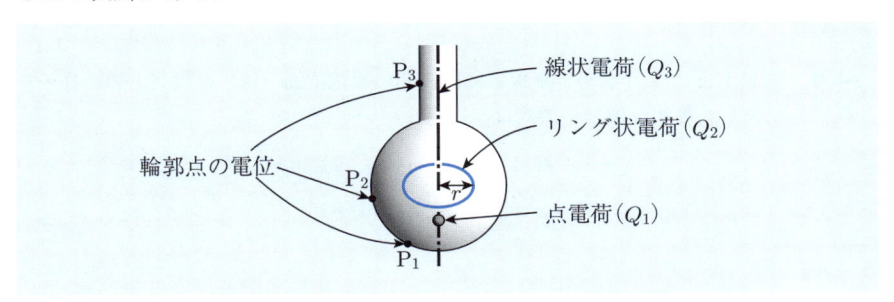

**図4.12** 電荷重畳法における仮想電荷の設定 [10]

> **■ 例題4.1 ■**
>
> 電界計算が電気機器などの絶縁設計に大きな進歩をもたらした理由について説明せよ．

**【解答】** 大きな理由としては，コンピュータの急速な進歩により，種々の電極形状や多数の誘電体が配置された電気機器などの絶縁構成に対して，複雑な電界計算が可能となったことである．これらの電界計算には，有限要素法，電荷重畳法などの数値解析法の進歩が大きく寄与した．他の理由としては，誘電体の研究により，絶縁劣化や絶縁破壊などの絶縁特性に関する知識が蓄積され，絶縁性能を定量的に取り扱うことが可能になったことである． ■

## 4章の問題

☐ **4.1** 次の関数が，コーシー–リーマンの方程式を満足することを確かめよ．
(1) $f(z) = x^2 - y^2 + j2xy$
(2) $f(z) = 3(x^2 - y^2) + 2 + j6xy$

☐ **4.2** 複素関数 $w = f(z)$ は以下のように表せる．
$$w = f(z) = f(x + jy) = u(x, y) + jv(x, y)$$

ここで，$f(z)$ を正則関数とすると，$w = f(z)$ の実数部 $u(x, y)$，虚数部 $v(x, y)$ とも，ラプラスの方程式を満たすことを証明せよ．

☐ **4.3** 図1に示すような，点 O を中心とする接地されていない半径 $a$ [m] の導体球がある．中心 O から $d$ [m] だけ離れた点 P に点電荷 $q$ [C] を置いたときの影像電荷と影像点を求めよ．

☐ **4.4** 図2に示すような平行平板電極周縁部の等電位面（線）と電気力線の様子を描け．ただし，等角写像の変換式は，次式を用いよ．
$$w = f(z) = u + jv, \quad z = x + jy$$
$$x + jy = \frac{d}{\pi}(u + jv) + 1 + e^{u+jv}$$

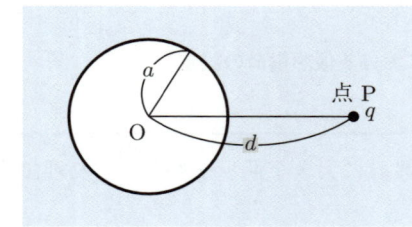

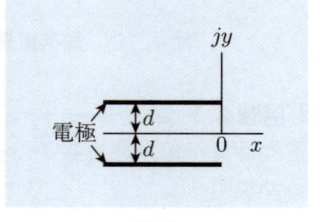

図1

図2

☐ **4.5** 有限要素法と電荷重畳法の特徴を述べよ．

# 第5章

# 気体誘電体の電気伝導と絶縁破壊

　パッシェンの法則（Paschen's law）は，平等電界における**気体誘電体**（gaseous dielectrics）の放電現象や絶縁破壊現象を扱うときにはよく出てくる重要な法則である．この法則は，気体の絶縁破壊電圧である**火花電圧**（sparkover voltage）が，気体の圧力と電極間距離の積の関数になっているということを表している．

　本章ではまず，気体粒子の**励起**（excitation）と**電離**（ionization）の過程と低気圧気体の電気伝導特性について学ぶ．次に，平等電界中の**タウンゼントの理論**（Townsend's theory of breakdown）とパッシェンの法則について学ぶ．また，不平等電界で生じるコロナ放電と**雷放電**（lightning discharge）についても学ぶ．

## 5.1 気体粒子の基礎過程

### 5.1.1 平均自由行程と移動度

気体中においては，電子，分子ならびにイオンなどの粒子はマクスウェル–ボルツマンの分布則によってランダムな熱運動をしている．したがって，絶縁破壊の開始に密接な関係を持っているこれらの粒子の衝突現象についても，統計的な取扱いが必要である．

熱運動をしている粒子の衝突間に走る距離を自由行程という．この自由行程は一定していないが，統計的平均値を**平均自由行程**（mean free path）という．平均自由行程は，粒子の種類，粒子の励起あるいは電離状態，さらには粒子の運動の速度によっても影響を受ける．気体中において，電荷を帯びた粒子（電子，イオン），すなわち**キャリア**（charge carrier）はランダムな熱運動をしているが，電界が加わると他の粒子との衝突を繰り返しながら電界方向に移動する．

電界 $E$ とキャリアの**ドリフト速度**（drift velocity）$V_d$ との間には比例関係があり

$$V_d = \mu E \tag{5.1}$$

が成立する．ただし，両者の比例関係は，高電界領域では一般に成立しなくなる．ここで，$\mu$ を**移動度**（mobility）という．この移動度はキャリアの移動のしやすさを表す物理量である．

### 5.1.2 励起と電離

原子や分子は，熱，光，他の粒子の衝突などによって外部からエネルギーを受けている．通常の原子内の電子は，エネルギーの最も低い基底状態にある軌道を回っているが，外部からエネルギーを得ると，より高いエネルギー準位へ移る．これを**励起**といい，励起に必要なエネルギーを**励起エネルギー**（excitation energy），または**励起電圧**（excitation potential）という．

図5.1 は，水素原子内の電子のエネルギー準位を示したものであり，電子の取り得るエネルギーは連続的ではなく量子化されている．

水素原子内の電子の取り得るエネルギー $E_n$（$n = 1, 2, \cdots$）は，真空準位（電離準位）を 0 eV とすると，以下のように表すことができる．

$$E_n = -\frac{13.6}{n^2}$$

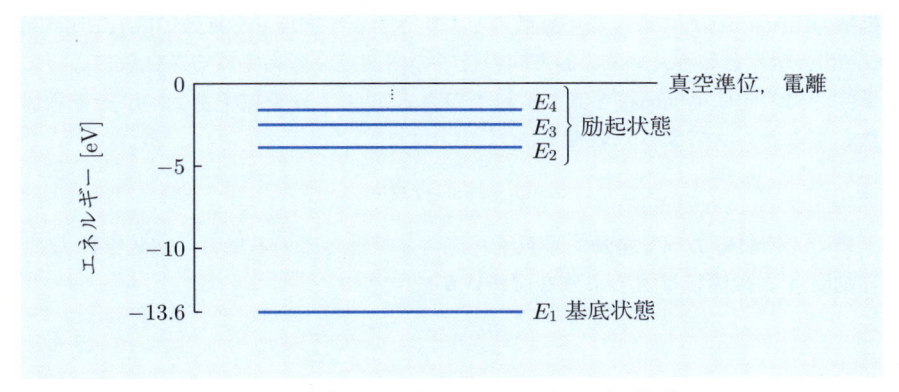

図5.1 水素原子内の電子のエネルギー準位

ここで，$n$ は主量子数であり，電子が $n = 1$ の軌道にある状態を**基底状態**（ground state）といい，$n \geq 2$ の状態は**励起状態**（excited state）という．

電子が高いエネルギー状態にある励起状態は不安定で，$10^{-8}$ s 程度で，外部に光を放出してもとのエネルギー準位に戻る．He, Ne や $N_2$ には，$10^{-3} \sim 10^{-2}$ s 程度の励起状態を保てる準位があり，**準安定状態**（metastable state）と呼ばれる．原子や分子に外部から加わるエネルギーが十分に大きければ，基底状態にある電子は，原子核の束縛から解放され自由電子となる．すなわち，原子，分子は正イオンと自由電子に分かれる．これを**電離**と呼び，電離に要するエネルギーは，**電離エネルギー**（ionization energy）あるいは**電離電圧**（ionization potential）という．水素原子の電離エネルギーの大きさは 13.6 eV である．

図5.2 に，原子の電離電圧の周期性を示す．He, Ne, Ar などの希ガスや F, Cl, Br などのハロゲン原子は電離電圧が高く，Li, Na, K などのアルカリ金属では電離電圧が低くなっている．このように電離電圧の値は元素の周期表，すなわち原子内の軌道電子の配列と深い関係のあることがわかる．

電子が中性分子に付着して負イオンを作るが，電子付着は He, Ne, $H_2$, $CO_2$ などの気体では起こりにくく，空気，水蒸気，$Cl_2$, $SF_6$ などでは起こりやすい．電子を付着しやすい気体を**負性気体**（electro-negative gas）と呼ぶ．電離によって生じた正，負のイオンまたは電子が中和して中性の分子または原子の状態に戻る現象を**再結合**（recombination）という．気体中で粒子に密度差があれば，この密度差を減少させるような方向に粒子の流れが生じる．このような現象を

拡散 (diffusion) という．この拡散のしやすさを表す物理量を**拡散係数** (diffusion coefficient) という．いま，$x$ 方向の粒子の密度差を考えてみる．拡散によって単位時間の間に単位面積を流れる粒子の数 $\phi(x)$ は，$n$ を粒子密度，$D$ を拡散係数とすると，次のように表せる．

$$\phi(x) = -D\frac{dn}{dx}$$

また，拡散によって移動する粒子が電荷 $q$ を持っている場合，拡散係数 $D$ と移動度 $\mu$ との間には次のような関係式が成り立つ．

$$\frac{D}{\mu} = \frac{\kappa T}{q} \tag{5.2}$$

ここで，$\kappa$ はボルツマン定数，$T$ は絶対温度である．式 (5.2) は，**アインシュタインの関係式**（Einstein's relation）と呼ばれている．

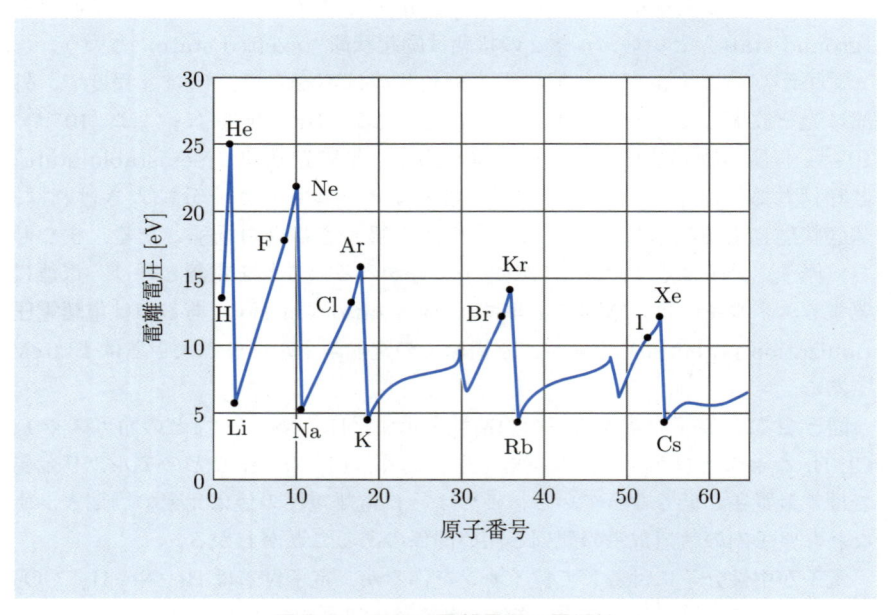

図5.2　原子の電離電圧の周期性

## 5.2　気体の電気伝導

図5.3 に示すような低気圧の気体で満たされた平行平板電極間に直流電圧を印加する．印加電圧と回路に流れる電流との間の電圧–電流特性を求めると，図5.4 のようになる．最初は電圧の上昇とともに電流も上昇するが，あるところで飽和の傾向を示す．本来，気体は電気的に中性であるが，外部からの光，放射線，宇宙線などにより，電極間の気体誘電体中には，一定の正，負のイオンがごくわずか存在する．これらのキャリアは電圧印加によって，それぞれの電極に移動して，ここで吸収あるいは再結合する．

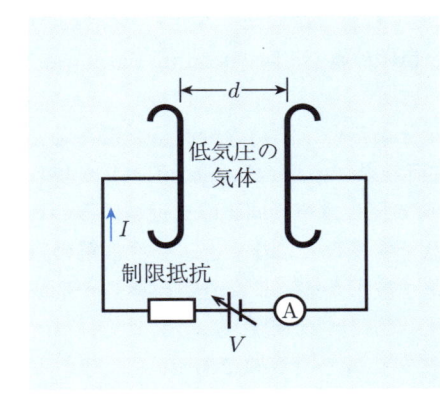

図5.3　低気圧の気体で満たされた平行平板電極

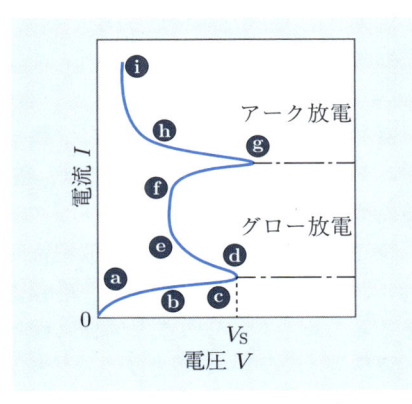

図5.4　低気圧の気体中の電圧–電流特性

電圧が比較的低い **ⓐ** の領域の場合には，電圧と電流の間に**オームの法則**（Ohm's law）が成り立つ．

さらに電圧を増大させた **ⓑ** の領域では，電極間のキャリアが拡散や再結合することなく電極に到達し，電圧に対してほぼ一定の電流が流れ，飽和特性を示す．この **ⓑ** の領域においては電流は極めて少なく，その電流密度は $10^{-13}\,\mathrm{A\cdot m^{-2}}$ 程度であり，この微小な電流を**暗流**（dark current）という．

さらに電圧を増大させ **ⓒ** の領域に入ると，電子は電界によって加速され，中性の気体分子と衝突して衝突電離を起こし，電子と正イオンが生成される．もとの電子とここで生じた新たな電子は，さらに別の中性分子を電離させる．このようにして生じた電子，イオンによる電流も急激に増大する．

電圧をさらに増大させると，ついに気体の絶縁破壊に至る．**ⓒ** の領域以前に

おいては気体の絶縁性は保たれており，自身で放電を持続させる機能を持たない．このような放電を**非自続放電**（non-self-sustaining discharge）といい，肉眼で認められるような発光はない．**ⓒ**の領域では，電流は急増し，電極間の気体はもはや絶縁性を失い，導電性のある放電路（火花）で短絡された状態になる．このような放電を**火花放電**（sparkover discharge）という．この火花放電が生じて気体が絶縁破壊する電圧 $V_S$ を**火花電圧**（sparkover voltage）という．

火花放電後の電圧–電流特性を求めると，電流の増大に伴って電極間電圧の減少がみられる．ここで**ⓓ-ⓔ-ⓕ-ⓖ**の領域を**グロー放電**，さらにこれを超える**ⓖ-ⓗ-ⓘ**の領域を**アーク放電**と呼ぶ．これらの領域においては電離作用が飛躍的に増大し，外部からの初期電子の供給がなくても放電は持続する能力を持つようになる．このような意味で，これらの放電を**自続放電**（self-sustaining discharge）という．

グロー放電の領域においては，電極間全体あるいは陰極の全面積を覆う発光がみられる．また，この領域では，**空間電荷効果**（space charge effect）が現れるため負の電圧–電流特性となる．空間電荷の発生は電極間距離を近づけるのと同様な効果があり，そのため放電電圧は低下することになる．アーク放電の領域においては，電流が急増し，陰極より電子放出が盛んになり，陰極点が形成されるため，グロー放電と同様に負の電圧–電流特性が現れる．

**表5.1**はグロー放電とアーク放電の特徴を比較したものである．

なお，1気圧の空気のように比較的高い気圧の場合には，火花放電が発生した後はグロー放電を経由せずに，直接アーク放電に至る．

**表5.1 グロー放電とアーク放電の比較**

| 特徴＼放電形態 | グロー放電 | アーク放電 |
|---|---|---|
| 電流の増大 | 電圧は減少 | 電圧は減少 |
| 電圧–電流特性 | 負 | 負 |
| 光放射 | 弱い | 強い |
| その他の特徴 | ●温度は低くても生じる．<br>●比較的高い電圧での電流供給能力が必要． | ●比較的低い電圧で維持できるが，比較的大きい電流が必要． |

## 5.3 タウンゼントの理論とパッシェンの法則

いま，空気中に配置した平行平板電極において，放電を容易にするため陰極に紫外線を照射して陰極から少量の電子を供給する．電子1個が電界により単位長さだけ移動する間に $\alpha$ 回の衝突電離により，$\alpha$ 対の電子と正イオンが発生する．この機構を **$\alpha$ 作用**（$\alpha$-action）といい，$\alpha$ を電子の**衝突電離係数**（first Townsend coefficient）という．陰極（$x=0$）より $n_0$ 個の電子が出発し，陰極より $x$ 離れた点にある $n$ 個の電子が陽極に向かって $dx$ 移動する際に増加する電子の数を $dn$ とすると

$$dn = n\alpha dx$$

上式を積分し，$x=0$ で $n=n_0$ を代入すると

$$n = n_0 e^{\alpha x} \tag{5.3}$$

陰極から $n_0$ 個の電子が出発し，電極間距離 $d$ を進む間で発生する電子数は $n_0 e^{\alpha d}$ となる．$\alpha$ 作用により，電子が指数関数的に増大する現象を**電子なだれ**（electron avalanche）という．電子なだれによって電子は指数関数的に増大するが，この $\alpha$ 作用だけでは自続放電の状態にはならない．自続放電になるためには，電子なだれで生じた正イオンを考慮する必要がある．中性分子と電子の衝突電離作用の後には，$n_0(e^{\alpha d}-1)$ 個の正のイオンが残る．この正のイオンが電界の作用で陰極に衝突すると，陰極から **2 次電子**（secondary electron）が放出される．この作用を **$\gamma$ 作用**（$\gamma$-action）という．

1個の正イオンが陰極に衝突する際に発生する2次電子数を $\gamma$ 個とすると，ここで放出される2次電子数は $\gamma n_0 (e^{\alpha d}-1)$ 個である．この数が初期電子 $n_0$ 個より大きい場合，$\alpha$ 作用と $\gamma$ 作用により電流は急増していくことになる．すなわち，$\alpha$ 作用と $\gamma$ 作用を考慮することにより自続放電の発生が可能となる．これが**タウンゼントの理論**である．図5.5 に，$\alpha$ 作用と $\gamma$ 作用による衝突電離過程を示す．

**タウンゼントの火花条件**（criterion for spark discharge），すなわち自続放電の条件は次のようになる．

$$\gamma n_0 (e^{\alpha d}-1) \geq n_0 \tag{5.4}$$

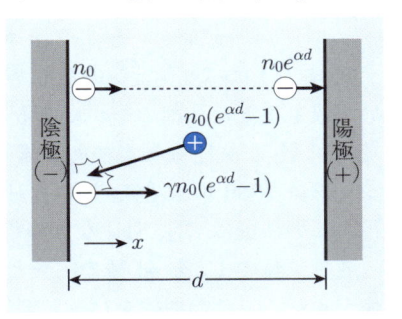

図5.5 $\alpha$ 作用と $\gamma$ 作用による衝突電離過程

$$\gamma(e^{\alpha d} - 1) = 1 \tag{5.5}$$

式 (5.5) から次式が得られる．

$$\alpha d = \log\left(1 + \frac{1}{\gamma}\right) \tag{5.6}$$

ところで，衝突電離係数 $\alpha$ は電界 $E$ および気圧 $p$ によって変化する．$E, p$ を変化させて $\alpha$ を求めると異なる多くの曲線群となるが，$\frac{\alpha}{p}$ と $\frac{E}{p}$ との関係を求めると $\frac{E}{p}$ のある範囲で次のような実験式が得られる．

$$\frac{\alpha}{p} = Ae^{-\{B/(E/p)\}} \tag{5.7}$$

ここで，$A, B$ は気体によって決まる定数である．電極間距離 $d$ の平行平板電極配置においては，火花電圧 $V_S$ とこれに対応する電界の強さを $E$ とすると，次のようになる．

$$E = \frac{V_S}{d} \tag{5.8}$$

式 (5.6)〜式 (5.8) から，$\alpha, E$ を消去して $V_S$ を求めると

$$V_S = B\frac{pd}{\log\left[\dfrac{Apd}{\log\left(1+\frac{1}{\gamma}\right)}\right]} = B\frac{pd}{C+\log pd} \tag{5.9}$$

$$C = \log A - \log\left\{\log\left(1 + \frac{1}{\gamma}\right)\right\} \tag{5.10}$$

ここで，$C$ は変化が小さいため定数とみなしてよいから，結局，$V_S$ は $pd$ 積の関数となっていることがわかる．式 (5.9) は，$V_S$ が $pd$ 積に対して線形的に変化しないことを示している．

$$V_S = f(pd) \tag{5.11}$$

式 (5.11) は**パッシェンの法則**として知られており，この法則は気体放電において最も重要な法則の一つである．この法則は，平等電界中における気体の火花電圧 $V_S$ が気圧 $p$ と電極間距離 $d$ の積の関数であることを表している．パッシェンは 1889 年，空気，$CO_2$，$H_2$ の破壊実験からこの法則を見出した．その後，この法則は $Cl_2$，$SF_6$ などの負性気体にも適用できることが示された．

各種気体の $V_S$ を $pd$ 積の関数として描くと V 字型の曲線となり，$V_S$ の最小値が現れる．この曲線を**パッシェン曲線**（Paschen curve）という．図5.6 に，パッシェン曲線における $pd$ 積と $V_S$ の関係を示す．この図から，$V_S$ は $(pd)_{\min}$ で最小値 $(V_S)_{\min}$ をとることがわかる．1 気圧前後における気体（空気も含む）

## 5.3 タウンゼントの理論とパッシェンの法則

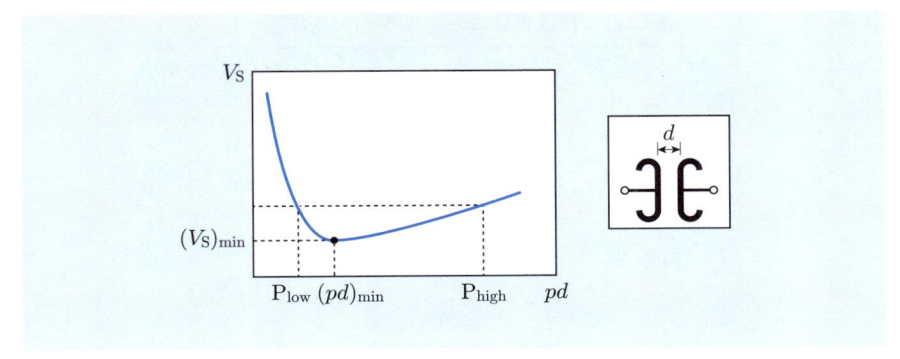

図5.6 パッシェン曲線における $pd$ 積と $V_S$ の関係 [1]

の絶縁破壊は，通常，パッシェン曲線の $(pd)_{\min}$ の右側に位置している．

このパッシェン曲線を説明するために，電極間距離 $d$ を一定にし，図5.6 において，気圧を曲線上の点 $P_{\text{high}}$ から減少させたときを考える．気圧を下げると，気体密度が減少するため，陽極に向かう電子と分子の衝突の確率が減ることになる．結果として，電子と分子の衝突間の距離が長くなり，より低い電界（電圧）でも，衝突によって破壊を引き起こすのに必要な運動エネルギーを電子に供給することができる．$(pd)_{\min}$ に到達後，さらに気圧を減少させると気体密度が非常に小さくなり，電子と分子との衝突がほとんど起こらなくなる．このような条件では，たとえ電子の運動エネルギーが電離に必要なエネルギー以上になったとしても，衝突によって分子を電離しない可能性がある．図5.6 の点 $P_{\text{low}}$ では，真空，または高真空の条件が成立している．

パッシェンの法則から導かれる重要な結果は，火花電圧 $V_S$ と $pd$ 積の間に相似則が成立することである．すなわち，電極間距離が $\frac{1}{n}$ 倍に縮小になっても気圧を $n$ 倍にすると $V_S$ は変化しないということである．これを**火花電圧の相似則** (similarity law of sparkover voltage) という．このような相似則の考えは，電力用機器などの絶縁設計に広く採用されている．

表5.2 に，各種気体の最小火花電圧 $(V_S)_{\min}$ と $pd$ 積の最小値 $(pd)_{\min}$ を示す．多くの気体において，$(pd)_{\min}$ の範囲は，$0.1\,[\text{Pa}\cdot\text{m}] < pd < 10\,[\text{Pa}\cdot\text{m}]$ にある．パッシェンの法則は，$pd$ 積の比較的広い範囲で成立するが，気圧 $p$ が高真空の領域および数気圧以上の高気圧の領域，ならびに不平等電界下では成立しなくなる．このような条件下では，$V_S$ は，電極材料の種類，すなわち陰極材料の仕事関数にも大きく依存する．

**表5.2　各種気体における最小火花電圧** [5]

| 気体 | 陰極 | $(V_S)_{min}$ [V] | $(pd)_{min}$ [Pa·m] |
|---|---|---|---|
| He | Fe | 150 | 3.3 |
| Ne | 〃 | 244 | 4.0 |
| Ar | 〃 | 265 | 2.0 |
| $N_2$ | 〃 | 275 | 1.0 |
| $O_2$ | 〃 | 450 | 0.93 |
| 空気 | 〃 | 330 | 0.76 |
| $H_2$ | Pt | 295 | 1.7 |
| $CO_2$ | — | 420 | 0.76 |
| $SF_6$ | — | 500 | 0.35 |
| Hg | Fe | 425 | 2.4 |

空気中に置かれた平行平板電極間の絶縁破壊の強さ $E_S$ [kV·cm$^{-1}$] と電極間距離 $d$ [cm] に関しては，次のような実験式が得られている．

$$E_S = \frac{V_S}{d}$$
$$= 23.85\delta \left(1 + \frac{0.329}{\sqrt{\delta d}}\right) \text{ [kV·cm}^{-1}\text{]}$$

ここで，$\delta$ は**相対空気密度**（relative air density）である．$\delta$ は 20°C，1 気圧（$1.013 \times 10^5$ [Pa]）を基準として，大気状態を変化させたときの補正係数を示している．いま，気圧を $a$ [Pa]，温度を $t$ [°C] とすると，$\delta$ は次のようになる．

$$\delta = \frac{2.89 \times 10^{-3} a}{273 + t} \tag{5.12}$$

## 5.4 気体の絶縁破壊の強さ

図5.7は，電極間距離 $d$ と絶縁破壊の強さ $E_S$ の関係を示しており，$d$ が1〜2 cm の範囲では，$E_S$ は約 $30\,[\mathrm{kV\cdot cm^{-1}}] = 3\,[\mathrm{MV\cdot m^{-1}}]$ となる．したがって，常温における平等電界の火花放電を開始する電界の強さは1 cm 当たり約 30 kV と考えておいてよい．ただし，この約 $3\,\mathrm{MV\cdot m^{-1}}$ の値は，$d$ の範囲が 1〜2 cm のときであって，気圧と温度が一定であっても，$d$ によって $E_S$ が変化することに注意する必要がある．特に $d$ が小さくなると $E_S$ の変化は大きく，たとえば $d$ が 0.01 cm の微小距離になると，$E_S$ はおおよそ $9\,\mathrm{MV\cdot m^{-1}}$ の高い値となる．

ところで，平等電界における火花放電とは，一様な電界中の放電という意味であるが，実用上の機器では一様な電界を実現できないことが多い．実験上でも，電極周縁部で電界が大きくなることがある．より簡単に平等電界を近似するには，球対球電極配置が利用される（図3.8 参照）．

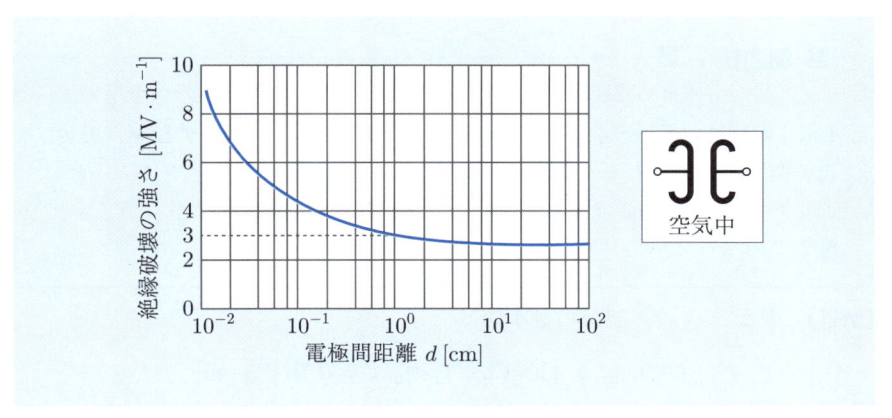

図5.7 電極間距離 $d$ と絶縁破壊の強さの関係（平行平板電極，1 気圧の空気）

表5.3は，常温，1 気圧，電極間距離 1 cm の平等電界下で測定された各種気体の絶縁破壊の強さ $E_S$ を示したものである．常温，1 気圧の条件で比較すると，$SF_6$（六フッ化硫黄）ガスの $E_S$ は空気の約3倍であり，$SF_6$ ガスは極めて優れた絶縁特性を有していることがわかる．現在，圧縮 $SF_6$ ガスは，その優れた諸特性から GIS（ガス絶縁開閉器）などの電気設備や機器などに幅広く利用されている．

表5.3 各種気体の絶縁破壊の強さ [1]
（常温, 1気圧, 電極間距離 1 cm）

| 気体 | 絶縁破壊の強さ $[\mathrm{MV}\cdot\mathrm{m}^{-1}]$ |
|---|---|
| 空気 * | 3.2 |
| $N_2$ | 3.3 |
| $O_2$ * | 2.7 |
| $CO_2$ | 2.5 |
| $H_2$ | 1.5 |
| He | 0.37 |
| Ne | 0.42 |
| Ar | 0.65 |
| Kr | 0.88 |
| $SF_6$ * | 8.9 |

*：負性気体

### 例題5.1

パッシェン曲線の最小値の $(V_S)_{\min}$ [V] と $(pd)_{\min}$ [Pa·m] の値を用いて，1気圧の空気の絶縁破壊の強さ $E_S$ [V·m$^{-1}$] を求めよ．1気圧の空気の場合，電極間距離 $d$ が 1〜2 cm の範囲では，$E_S$ は約 30 [kV·cm$^{-1}$] = 3 [MV·m$^{-1}$] といわれている．この値とパッシェン曲線の最小値から求める値とを比較してみよ．

【解答】 表5.2 より，空気の最小値は

$$(V_S)_{\min} = 330\,[\mathrm{V}], \quad (pd)_{\min} = 0.76\,[\mathrm{Pa}\cdot\mathrm{m}]$$

である．よって，$p = 1$ 気圧（$1.013\times 10^5$ [Pa]）としたときの電極間距離 $d$ は

$$d = \tfrac{0.76}{p}\,[\mathrm{m}] = \tfrac{0.76}{1.013\times 10^5}\,[\mathrm{m}] = 7.5\times 10^{-6}\,[\mathrm{m}] = 7.5\,[\mu\mathrm{m}]$$

となる．そこで $E_S$ を求めると

$$E_S = \frac{V_S}{d} = \frac{330\,[\mathrm{V}]}{7.5\times 10^{-6}\,[\mathrm{m}]} = 4.4\times 10^7\,[\mathrm{V}\cdot\mathrm{m}^{-1}]$$
$$= 44\,[\mathrm{MV}\cdot\mathrm{m}^{-1}]$$

$d = 7.5\,[\mu\mathrm{m}]$ の微小距離では極めて高い $E_S$，すなわち $d$ が 1〜2 cm のときの値の約1桁以上大きい $E_S$ となる．

## 5.5 真空放電

真空という用語の定義は明瞭ではない．気圧がどの程度に低下すれば真空の範囲に入るかは定められていない．放電の立場からすると，パッシェン曲線で最小値の $V_S$ が現れる付近の気圧より低い気圧の範囲を真空と考えることもできる．真空度が高くなると放電が起きにくくなり，$V_S$ は急激に上昇する．高真空というのは，気圧が $10^{-6} \sim 10^{-3}$ Pa の範囲を指すことが多い．高真空になると，電子の平均自由行程は非常に大きくなり，普通の電極間では衝突電離をする機会は極めて少なく，$10^{-6}$ Pa になると事実上ほとんど衝突電離は起こらないと考えてよい．しかし，高真空であっても，ある値以上の電圧を加えると電極間で放電をする．これを**真空放電** (discharge phenomena in vacuum) という．

高真空の範囲に入ると，パッシェンの法則が成り立たなくなり，$V_S$ は気圧 $p$ に依存せず電極間距離 $d$ のみで定まるようになる．高真空中では，電極の材料や表面状態などによって放電が影響を受ける．たとえば，電極表面の処理によっては，平等電界下で絶縁破壊の強さが $20 \sim 30$ MV$\cdot$m$^{-1}$ の大きさにも達する．真空，または高真空は極めて優れた誘電体である．

高真空における放電機構については，未だ不明な点もあり，現在までいくつかの説が提案されている．たとえば，陽極加熱説（陰極からの電子放出による陽極加熱），陰極加熱説（陰極上の局部的な電子放出による加熱），クランプ説（陽極上に付着している薄膜の原子・分子の放出による陰極の加熱）などである．

真空または高真空における高絶縁性を利用した機器としては，真空スイッチ，真空しゃ断器，ケノトロン，ブラウン管などがある．

## 5.6 ストリーマ理論

平等電界下での放電には，タウンゼント型の放電とストリーマ型の放電がある．タウンゼントの理論は，長い電極間距離における放電や高気圧における放電では適合しなくなる．この理論では，最初に生じた電子なだれ群が陽極に達する必要がある．また，2次電子の放出が必要になること，すなわち，電極材料に依存することである．さらに，正のイオンの移動に要する時間（$10^{-6}$ s 程度）が必要になる．しかしながら，$pd$ 積が大きい場合の放電においては，$10^{-6}$ s より短時間（$10^{-7}$ s 以下）で絶縁破壊することや，正のイオンによる $\gamma$ 作用が破壊電圧に影響しないことも明らかになっている．

以上のような実験事実を説明するため，放電によって生じる空間電荷電界や**プラズマ状態**（plasma state）を考慮した**ストリーマ理論**（streamer theory）が提案された．

**図5.8** は，ストリーマ理論の説明図である．平行平板電極において，印加電圧が高くなると電極間の電子が電界により加速され円錐状の電子なだれが生じる．**同図 (a)** は，電子なだれの発生と電気力線の様子である．電子は移動速度が大きいため，電子なだれの先端に多く存在し，電子なだれの後には移動速度の小さい正イオンが残り，正の空間電荷が形成される．この正イオンの空間電荷密度は，陽極に近づくほど大きくなり，陽極付近では強い局部電界が生じる．

この局部電界が電極間に印加した電界に近くなると，**同図 (b)** のように円錐状の正イオンの空間電荷周辺に存在する電子が新たな電子なだれを引き起こし，正イオンの空間電荷領域に入ってくる．その結果，正イオンと電子が混在した導電性の高いプラズマ状態の領域が形成される．この領域を**ストリーマ**（streamer）

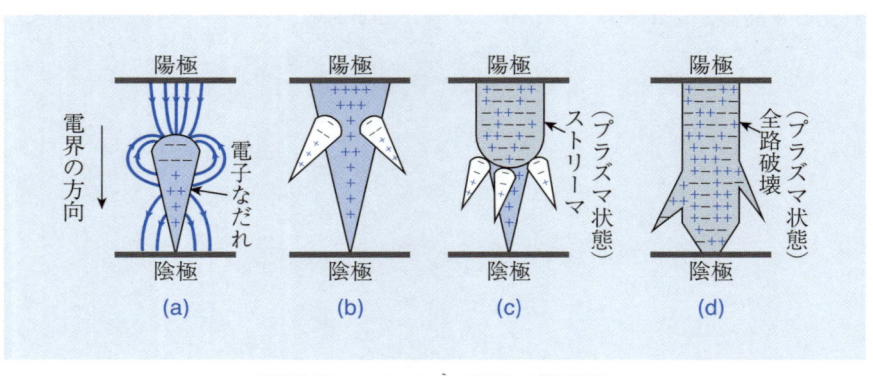

図5.8 ストリーマ理論の説明図

と呼んでいる．このストリーマ内の正，負の電荷密度は電子なだれのときの密度よりはるかに高く，かつ強力な発光を伴う．

このストリーマは同図(c)のように陰極に向かって進展する．このときストリーマ先端と陰極との間の電界はさらに高くなり，周囲から電子なだれを引き込み，陰極に達する．

ストリーマが陰極に達すると，電極間を短絡することになり，同図(d)に示したように全路破壊が完成する．このような放電形態をストリーマ型の放電という．

放電形態がタウンゼント型になるか，ストリーマ型になるかは，気圧，電極配置，印加電圧，気体の種類などに依存する．

ここで，気体放電で重要な役割を果たすプラズマについて少し説明しておく．プラズマとは，気体中の原子や分子が電離して生成した正イオンと電子がほぼ等量混ざりあって存在し，かつ全体としてはほぼ中性の状態を保っている媒質のことである．気体を電離させてプラズマを生成した場合，$n_0$ 個の気体分子のうち，$n_e$ 個だけ電離したとする．このとき，$\frac{n_e}{n_0}$ を**電離度** (degree of ionization) という．

通常の気体放電で得られるプラズマは，**弱電離プラズマ**（weakly ionized plasma）といわれ，電離度は $10^{-6} \sim 10^{-3}$ 程度という低い値で，大多数の中性分子の中に少数の荷電粒子が含まれている状態である．電離度が十分低い場合には，電子やイオンが衝突する相手はほとんどが気体分子であり，荷電粒子間の衝突の影響は無視できる．これに対して，荷電粒子間の衝突が支配的なプラズマを**強電離プラズマ**（highly ionized plasma）といい，特に完全に電離したものを**完全電離プラズマ**（fully ionized plasma）という．

通常の産業用に用いられているプラズマの多くは，電離度が $10^{-3}$ 以下の弱電離プラズマである．

## 5.7 コロナ放電とコロナ形態

5.3節と5.6節では，平等電界下の放電現象を取り扱った．平等電界下では，電子なだれがストリーマに転換し，直ちに全路破壊に至った．しかしながら，針対平板電極のような不平等電界中では，電子なだれがストリーマに転換しても，直ちに全路破壊に至るとは限らない．針対平板電極間に電圧を印加していくと，電極間で火花放電（全路破壊）が生じる前に，電界の大きい針電極付近の空間で盛んに電離作用が行われ，発光を伴った局部的な自続放電が現れる．このような放電現象を**コロナ放電**，または**部分放電**と呼んでいる．

コロナ放電が発生する電圧を**コロナ開始電圧**（corona inception voltage）という．電極間の印加電圧を高くしていくと，コロナ放電は進展し，最終的には火花放電に至る．コロナ放電の様子は，印加電圧の種類（直流，交流，インパルス，高周波），大きさ，および極性によって変化する．

(a) **正の直流コロナ放電**　空気中において針対平板電極を用い，電極間距離を約2 cmとし，針電極に正の直流電圧を加えると，2～3 kVで正コロナ放電が現れる．図5.9に示すように，さらに印加電圧を上昇していくと，正コロナ放電は**グローコロナ**（glow corona），**ブラシコロナ**（brush corona），**ストリーマコロナ**（streamer corona）へと変化し，最終的には火花放電に至る．しかし，針対平板電極であれば常にこの順序で正コロナ放電が起こるとは限らない．電極間距離が短い場合にはコロナが発生すると同時に火花放電に至る場合もある．

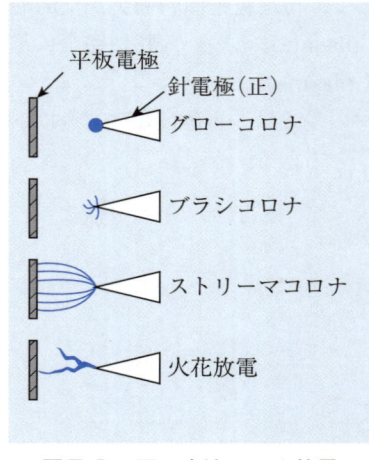

**図5.9** 正の直流コロナ放電

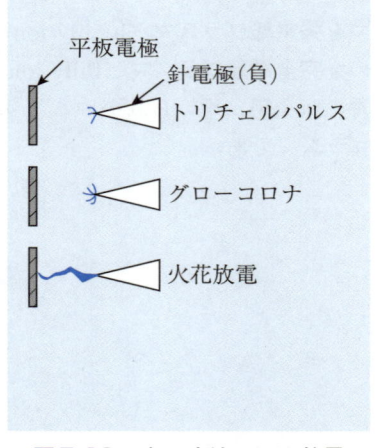

**図5.10** 負の直流コロナ放電

(b) **負の直流コロナ放電**　図5.10は，針電極に負の直流電圧を印加したときの負コロナ放電の様子を示したものである．正コロナ放電に比較して，一般的に，負コロナ放電は進展しにくい傾向がある．コロナ開始電圧付近では，電流波形がパルス状になるとともに弱いコロナ放電が針先から発生する．これを**トリチェルパルス**（Trichel pulse）という．さらに電圧を上昇していくと，グローコロナに移行し，最終的には火花放電に至る．

上述のコロナ放電現象にみられるように，針電極のような尖った導体（曲率半径が小さい導体）は不平等性が高く，放電が起きやすい．細く尖った導体の先端では，電荷どうしの反発力が小さくなるため，電荷が集中しやすい．そのため，導体先端の電界が高くなり，放電が起きやすくなる．図5.11は，針電極先端付近における電荷どうしの反発力の様子を示したものである．

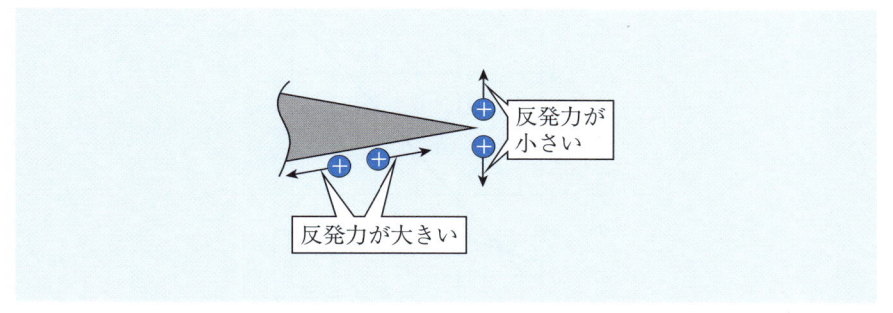

**図5.11　針電極先端における電荷の反発力** [13]

電気絶縁の観点からすると，絶縁破壊やコロナ放電の発生は防止する必要があるが，静電気応用や放電応用の分野では，コロナ放電を積極的に発生させ，これを工学的に応用しており，コロナ放電は重要な役割を果たしている．

### ■ 例題5.2 ■

針対平板電極配置における火花電圧の**極性効果**（polarity effect）について述べよ．

**【解答】** 不平等電界下での局部破壊や全路破壊においては，印加する電圧の極性によって局部破壊開始電圧や全路破壊電圧が異なる場合が多く，これを極性効果という．

図5.12は，針対平板電極配置における直流の火花電圧の極性効果を示したものである．短ギャップ長を除くと，負コロナに比べ正コロナのほうが進展しやすく，火花電圧は低くなっている．極性効果を生じる理由の一つとしては，針端付近における空間電荷形成が考えられる．

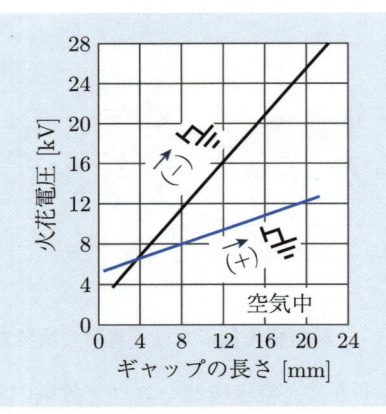

**図5.12** 針対平板電極配置における直流の火花電圧の極性効果[10]

## 5.8 雷放電

　雷を起こす源は雷雲である．また，**雷放電**は，実験室内において作られる小規模な火花放電とはかなり相違している．気象学では，大気中に浮かぶ水滴，氷晶を雲粒，重力によって落下する雨，雪，あられ，ひょうなどを総称して降水と呼ぶ．

　大気中では，雲粒に働く上昇気流の風力と降水に働く重力が，正，負電荷を分離する．図5.13に示すように，雷雲中の電荷分離は氷晶とあられ，ひょうの衝突によって生じる．その結果，気温がおよそ $-10°C$ より低温の大気中では，氷晶が正，あられが負に帯電し，氷晶は上昇気流で吹き上げられ，雲の上部に正電荷が分布する．一方，あられは重力で落下して，雲の中部および下部の降水域に負電荷として分布する．雷雲はいくつかの細胞（セル）から構成されており，夏の雷雲の電荷分布構造として認められているモデル図を，図5.14に示す．雷雲は全体としてみると3極構造の電荷分布になっており，雲の上部には正電荷が，下部には負電荷が集まり，また雲底には正に帯電した部分がある．

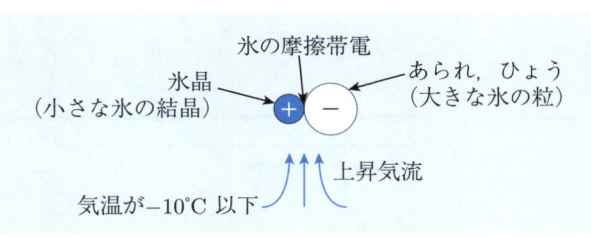

図5.13　雷雲内の氷の摩擦による電荷分離

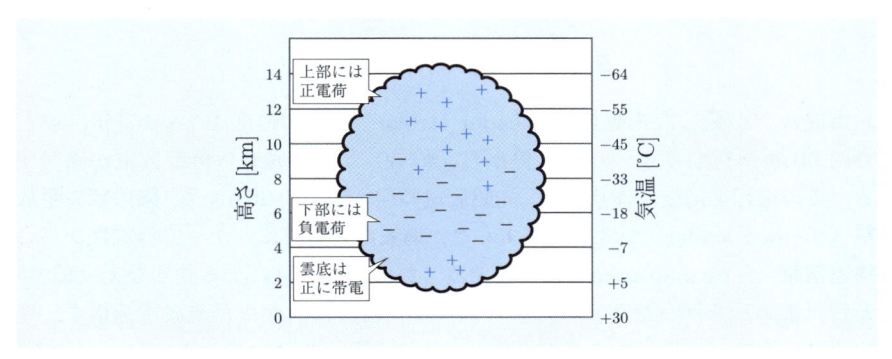

図5.14　雷雲内の電荷分布 [2]

この雲中の分離された正，負電荷による電界が，空気の絶縁破壊の強さを超えると，火花放電が発生する．これが雷放電である．また，雲の中部，下部の負電荷が地表に正電荷を誘導し，この正，負電荷が空気の絶縁を破壊して火花放電を起こすのが落雷あるいは対地放電である．雷放電も落雷もスケールは同程度で，代表的な雷放電の長さは5km程度であるが，実際の長さは，1m〜20kmという広い範囲にわたる．

雷雲下部の負電荷によって，地表には強い電界が生じ，正電荷が誘導される．地表における電界は，雷雲の中心直下で$10 \sim 20 \mathrm{kV \cdot m^{-1}}$程度になる．ちなみに，晴天時の地表の電界の大きさは約$100 \mathrm{V \cdot m^{-1}}$である．

**図5.15**に，代表的な雷放電の進展過程を示す．**同図(a)**は雷放電の静止像を，**同図(b)**は雷放電の時系列での進展過程を，それぞれ示したものである．

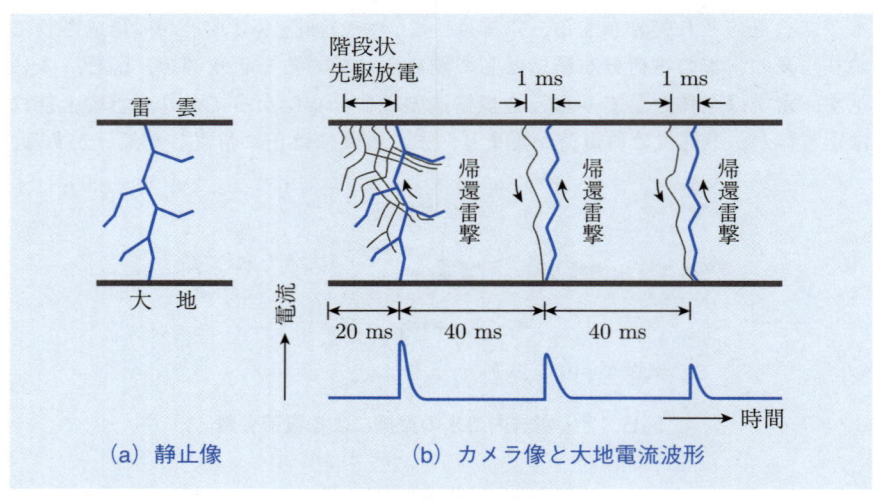

**図5.15** 雷放電の進展過程[12]

雲底から出発した**先駆放電**（leader stroke）が平均速度$1.5 \times 10^5 \mathrm{[m \cdot s^{-1}]}$で約50m進行するといったん停止し，約$50 \mu \mathrm{s}$後雲底から再度放電が出発する．この過程を何度か繰り返し，先駆放電の開始から約20ms後，**階段状先駆放電**（stepped leader）が地表に達すると，地表から雷雲に向かって導電性が高い**帰還雷撃**（return storoke）が上昇する．われわれが目にする強烈な光（稲妻）と音（雷鳴）を伴った落雷は，この地表から雷雲に向かった逆放電を指す．逆放電の平均的な速度は約$5 \times 10^7 \mathrm{[m \cdot s^{-1}]}$であり，光速の数分の1にも達する．

## 5.8 雷放電

通常の落雷では，この帰還雷撃の終了後，約 40 ms 経過すると今度は階段状でない放電が第 1 回目とほとんど同じ放電路を通って大地へと進展し，これが地表へ到達すると再び第 2 回目の帰還雷撃が大地から雲へ向かって上昇する．このように，同一放電路を通って反復される雷撃を**多重雷撃**（multiple stroke）という．

　雷放電は，放電路に存在する豊富な空間電荷による電界の不均一性や放電電流で生じる磁界の不安定性のため，枝分れしジグザグに進展するのが一般的である．この分岐した放電パターンはフラクタル構造を有しており，そのパターンのフラクタル次元 $D_\mathrm{f}$ は 1.2〜1.3 と計測されている（図 1.6 参照）．

## 5章の問題

☐ **5.1** 放電の定義について述べよ．

☐ **5.2** 励起と電離の違いについて説明せよ．

☐ **5.3** 負性気体について説明せよ．

☐ **5.4** パッシェンの法則が成立しない条件について述べよ．

☐ **5.5** 空気で満たされた同軸円筒電極配置（内側半径 $r$ [cm]，外側半径 $R$ [cm]）がある．この電極間に交流電圧を印加したときのコロナ開始電界の強さ $E_c$ に関して

$$E_c = 31\delta \left(1 + \frac{0.308}{\sqrt{\delta r}}\right) \; [\text{kV} \cdot \text{cm}^{-1}] \tag{1}$$

のようなピークの実験式がある．この場合の交流コロナ開始電圧 $V_c$ [V] を求めよ．
　ここで，$\delta$ は相対空気密度であり，$\delta$ に関しては式 (5.12) を参照せよ．

# 第6章

# 液体誘電体の電気伝導と絶縁破壊

　現在，**絶縁油**（insulating oil）として使用されている**液体誘電体**（liquid dielectrics）の主なものには，**鉱油**（mineral oil）と**合成油**（synthetic oil）がある．これら絶縁油は現在，絶縁と冷却の目的のために，電力用変圧器，電力用キャパシタ，開閉器，電力ケーブル，ブッシングなどの実用機器に使用されている．

　本章では，液体誘電体の電気伝導特性と**絶縁破壊理論**（dielectric breakdown theory）について学ぶ．さらに，最近の超電導応用機器に用いられている**極低温液体**（cryogenic liquid）の絶縁特性についても学ぶ．

## 6.1 液体の性質と電気伝導

### 6.1.1 液体の性質

物理的構造からみると，液体と固体は気体と比較して大きな差がある．一般に，液体は分子間の距離や比重などが固体のそれとあまり変わらないことから，固体に近い性質を有するものといえる．しかし，液体は固体のように規則性がなく，かつ，分子には流動性がある．しかも実用上の液体誘電体は，多くの成分から構成されその組成も複雑である．このような理由で，液体の電気伝導や絶縁破壊の現象については，気体や固体と比較して不明な点が多く，現在においても十分解明されていない．

### 6.1.2 液体の電気伝導

気体と比較して，液体の分子密度は非常に高く，その分子間距離は短い．そのため液体の電気伝導や絶縁破壊も気体の場合とは異なってくる．

平等電界下で，液体誘電体に直流電圧を印加したときの電流を測定すると，図6.1 のような特性を示し，電流特性から3つの領域に分けられる．

- Iの領域は，電圧と電流が比例するオームの法則が成り立ち，数百 $kV \cdot m^{-1}$ 以下の低電界のところにみられる．この領域における主なキャリアは，光や放射線などの外部エネルギーによる電離や解離でできた正，負のイオンである．
- IIの領域は，極めて清浄にした純粋液体で認められるが，実用的に使用される液体では明瞭に認められないことが多い．
- IIIの領域は，いわゆる高電界電気伝導と呼ばれ，数 $MV \cdot m^{-1}$ 以上の電界の強さで生じる．この領域ではIやIIの低電界領域と異なり，電流は電界に対しほぼ指数関数的に増大し，ついには絶縁破壊電圧 $V_B$ で絶縁破壊に至る．この領域におけるキャリアとしては，正，負のイオンに加え自由電子，正孔なども考えられる．

IIIの領域における電流急増に関しては，多くの説が提案されている．それらを大別すると，次のような説がある．

(1) 気体放電のタウンゼント型放電と同様の電子による衝突電離説
(2) 陰極からの電子放出説
(3) 高電界による液体分子の解離説

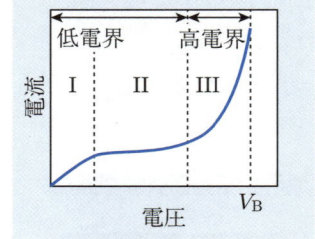

図6.1 液体誘電体の電圧–電流特性

## 6.2 液体の絶縁破壊理論

### 6.2.1 電子的破壊

電子的破壊（electronic breakdown）は，気体の場合と同様，電子なだれにもとづく電子の衝突電離による破壊である．印加時間の短いパルス電圧を印加した場合に，この破壊が生じやすいとされている．ショットキー効果（Schottky effect）により，陰極から放出された電子が，電界で加速されて液体分子に衝突する．このとき，電子のエネルギーが十分大きければ衝突電離し，電子なだれが生じる．液体の分子密度は気体に比較して高く，電子の平均自由行程は極めて小さいので，電子を加速して衝突電離を起こすには大きい電界を必要とする．

### 6.2.2 気泡破壊

気泡破壊（bubble breakdown）は，液体中に発生あるいは内蔵している気体の電離による破壊である．比較的長い時間電圧を印加した場合に，この破壊が生じやすいとされている．液体中では，電極表面の突起などに起因する電界集中による局部的なジュール加熱，電子による液体分子の解離，液体中の不純物の加熱などの原因によって気泡（バブル，気体）が発生する．液体中に気泡が存在する場合，液体より気体のほうが絶縁破壊の強さが低いため，まず気泡中で放電が生じる．それによって，気泡が成長し絶縁破壊に至る．

電子的破壊の場合においても，最終的には気泡が発生するので，電子的破壊と気泡破壊の両者を厳密に区別することは難しい場合が多い．

## 6.3 液体の絶縁破壊の強さ

 液体誘電体における絶縁破壊は，わずかに含まれる水分や不純物などの存在により大きく影響を受け，また温度，電圧印加方法，電極形状など多くの条件にも支配される．そこで，液体誘電体の真性破壊の強さを求めるためには，できるだけ純粋な液体を用い，印加時間の短いパルス電圧を印加して測定する必要がある．

 この液体誘電体の真性破壊の強さは，一般の無極性液体で $100 \sim 200\,\mathrm{MV \cdot m^{-1}}$ 程度の値とされている．この値は，通常知られている実用絶縁破壊の強さ $20 \sim 50\,\mathrm{MV \cdot m^{-1}}$ に比べると1桁程高い．液体誘電体の真性破壊の強さは，液体自身の固有の値としてその分子構造と密接な関係を有している．

 図6.2は，方形波の短いパルス電圧を用い，純粋な炭化水素化合物液体の液体密度と絶縁破壊の強さとの関係を示したものである．この結果は，絶縁破壊の強さが液体の密度に比例していることを示している．また，得られた絶縁破壊の強さは $100 \sim 200\,\mathrm{MV \cdot m^{-1}}$ の範囲の値を示しており，真性破壊の強さに近い値となっている．実用機器において，液体誘電体を絶縁の目的で使用する場合は，各種の2次的影響が含まれるため，実際の使用に近い状態で得られる実用絶縁破壊の強さが重要となる．

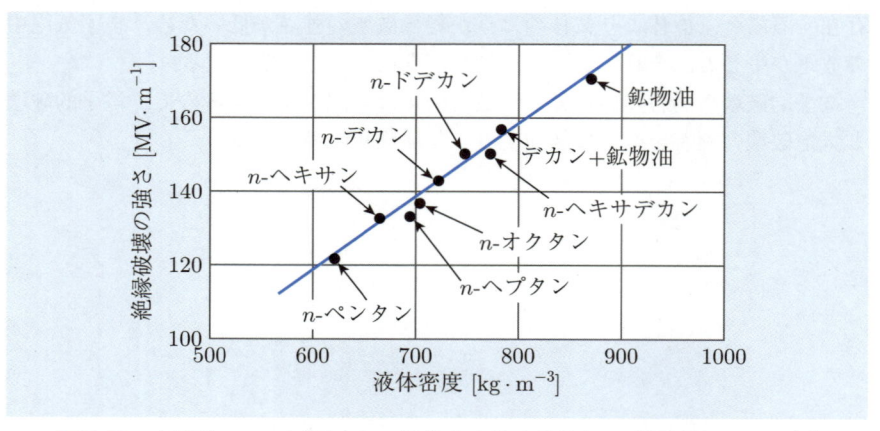

図6.2 方形波パルス電圧による炭化水素化合物液体の絶縁破壊の強さ[1]

## 6.3 液体の絶縁破壊の強さ

■ **例題6.1** ■

絶縁油の絶縁破壊電圧に及ぼす油中水分量の影響について説明せよ.

**【解答】** 絶縁油の絶縁破壊電圧は，温度，電圧印加方法，電極の条件以外に含有水分量や不純物などによって大幅に変化する．絶縁の目的のために，絶縁油単体で利用することは少なく，絶縁油と固体誘電体を一緒に利用することが多い．このように複合誘電体として使用するときには，絶縁油中に固体誘電体の微粒子や繊維などの不純物が油中に浮遊し，この不純物によって電極間を橋絡し，絶縁破壊電圧が低下することがある．一方，絶縁油中の含有水分量も絶縁油の絶縁破壊電圧を低下させる要因となる．

図6.3 に，鉱油系絶縁油の含有水分量と絶縁破壊電圧の関係を示す．絶縁油中に水分が 10 ppm 程度以上含まれると，未処理およびフィルタ処理した絶縁油とも絶縁破壊電圧は急激に低下する．水分が約 60 ppm 以上になると，絶縁破壊電圧は低下したままほとんど変化しない傾向がある． ■

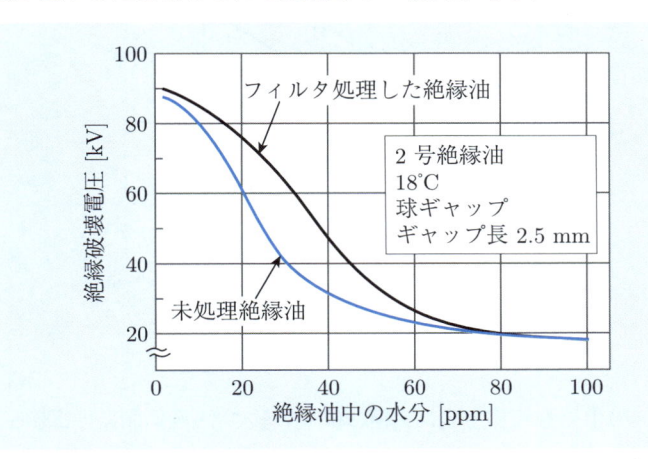

図6.3 鉱油系絶縁油の含有水分量と絶縁破壊電圧の関係 [2]

絶縁油入りの電力用機器においては，吸湿による絶縁油の劣化を防止するため，最初に油をあらかじめ脱気する．次に真空にした容器の中に注油した後，窒素ガスを封入する方式がとられている.

## 6.4 極低温液体の絶縁破壊

**極低温液体**は常温では気体であり，**液化気体**（liquefied gas）とも呼ばれる．極低温液体においては不純物が介在しにくい特徴がある．また，最近，超電導を応用した機器や電力ケーブルが登場してきており，**液体ヘリウム**（liquid helium），**液体窒素**（liquid nitrogen）などの極低温液体を使った超電導機器の絶縁と冷却の重要性がさらに増大してきている．

図6.4 に，代表的な極低温液体の交流破壊電圧を示す．液体窒素（77 K）と液体水素（20 K）は，常温における絶縁油の交流破壊電圧よりも高いことがわかる．

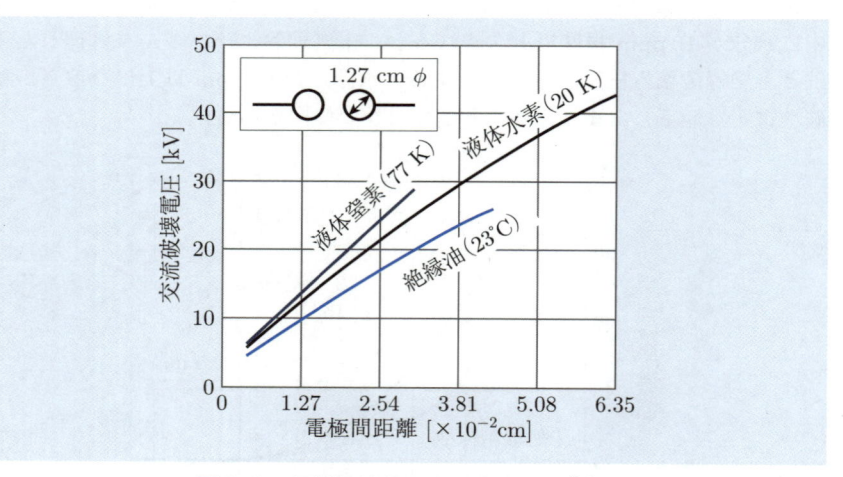

**図6.4** 極低温液体の交流破壊電圧 [1]

極低温液体の中でも液体窒素は，絶縁破壊の強さが絶縁油以上であること，絶縁油の欠点である可燃性や漏れた場合の処理の困難性がないこと，および価格が比較的安価であることなどの長所を持っている．この液体窒素は，絶縁と冷却の目的のために，今後，高温超電導体を用いた電力用機器などに用いられることが期待されている．

表6.1 に，純粋液体と極低温液体の絶縁破壊の強さを示す．絶縁破壊の強さは $100 \sim 200\,\mathrm{MV \cdot m^{-1}}$ の範囲にあり，これらの値は真性破壊の強さに近い値となっている．

表6.1 純粋液体と極低温液体の絶縁破壊の強さ [3][4]

| 液体 | 絶縁破壊の強さ [$MV \cdot m^{-1}$] |
|---|---|
| 鉱油 | 100 |
| ベンゼン | 110 |
| シリコーン油 | 100〜120 |
| ヘキサン | 110〜130 |
| 液体水素 | 100 |
| 液体酸素 | 240 |
| 液体窒素 | 160〜190 |
| 液体ヘリウム | 70 |

## 6章の問題

☐ **6.1** 絶縁油に気泡（バブル）が発生すると，油中コロナが発生しやすい理由を述べよ．

☐ **6.2** 液体誘電体で満たされた針対平板電極配置において，インパルス電圧と交流電圧を印加したときの絶縁破壊電圧 $V_B$ には大きな違いがある．この理由を述べよ．

☐ **6.3** 液体誘電体の絶縁破壊電圧 $V_B$ に及ぼす諸因子を挙げよ．

☐ **6.4** 液体誘電体の絶縁破壊理論を簡単に説明せよ．

☐ **6.5** 極低温液体である液体窒素が超電導応用機器に今後，広く用いられる可能性がある．極低温液体としての液体窒素の特徴を述べよ．

# 第7章

# 固体誘電体の電気伝導と絶縁破壊

　現在，**固体誘電体**（solid dielectrics）は，各種の電力用機器や電子デバイス・電子機器などの誘電体・絶縁体として幅広く用いられている．実用の固体誘電体の代表的なものとしては，各種の高分子材料（ポリマー材料）やセラミック材料などがある．

　本章では，固体誘電体の基本的な電気的特性である電気伝導特性と，**熱的破壊**（thermal breakdown），**電子的破壊**（electronic breakdown），**電気機械的破壊**（electromechanical breakdown）の絶縁破壊理論について学ぶ．さらに，固体の**絶縁劣化**（electrical ageing）の代表的な**部分放電劣化**（partial discharge ageing），**トリーイング劣化**（treeing ageing），**トラッキング劣化**（tracking ageing）についても学ぶ．

## 7.1 固体の電気伝導

固体の電気伝導に寄与するキャリアは，固体中に存在する自由電子や正孔，電極から放出される電子，固体中に生じる正，負のイオンなどである．自由電子の供給源は，分子や原子の核外電子，不純物にトラップされている電子などである．不純物中にトラップされている電子は，外部電界の作用によって不純物からトラップ電子が放出され，キャリアとなる．この外部電界による不純物からの電子放出は，**プール–フレンケル効果**（Poole-Frenkel effect）といわれる．電極から電子が放出される機構としては，熱電子放出，光電子放出などがあるが，外部電界が存在する場合には陰極の電位障壁が低下し放出される電子の数が増加する．この陰極から電子が放出される効果は，**ショットキー効果**といわれる．このショットキー効果による**ショットキー電流**（Schottoky current）は外部電界に対して指数関数的に増大する．

固体中のキャリアとなるイオンの供給源は，固体中の格子欠陥，各種の不純物，吸湿などである．固体中を流れる電流と陰極から注入される電子による電流とのバランスがよくない場合には，電極付近に空間電荷の蓄積が起こり，この空間電荷が電気伝導に影響を与える．このような電気伝導を**空間電荷制限電流**（space charge limited current）という．

- キャリアがイオンである場合を**イオン伝導**（ionic conduction）といい，低電界領域における電気伝導の主要因である．
- キャリアが電子や正孔の場合を**電子性伝導**（electronic conduction）といい，高電界領域での電気伝導の主要因である．

**図7.1**は，平等電界下で固体誘電体中に直流電圧を印加したときの電圧–電流特性を示したものである．電流特性は3つの領域に分けることができる．ただし，気体，液体の電圧–電流特性と異なり，固体においては電流が飽和する領

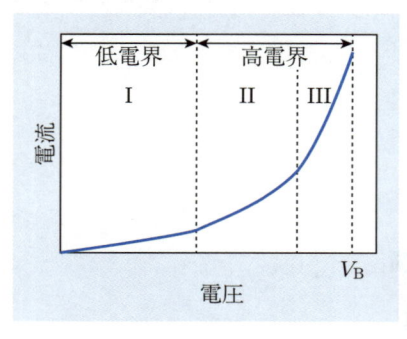

図7.1 固体誘電体の電圧–電流特性

域は存在しない．Iの領域は低電界領域であり，オームの法則が成立し，キャリアとしては正，負のイオンが考えられる．IIの領域に入ると，電流は非直線的に増大し，IIIの領域に至ってさらに電流が急増し，ついに絶縁破壊電圧 $V_B$ で絶縁破壊に至る．IIの領域以降は高電界領域であり，この高電界領域は，非直線的電気伝導から絶縁破壊に至る機構を考える上で重要な領域である．

　高電界領域の電気伝導においては，電子性伝導が重要であるため，電子の供給源が問題となる．(1) 電子の供給源が電極によるものと，(2) 固体内部によるものの2通りが考えられる．(1) としては，ショットキー効果によるショットキー電流，陰極近くに生じる空間電荷効果による空間電荷制限電流および量子力学的トンネル電流などがある．一方，(2) としてはプール-フレンケル効果による電流，電子なだれ電流，ツェナー電流などがある．

　このように，固体に高電界が印加されると，本来，固体中では極めて少ない電子性キャリアが急増し，最終的には絶縁破壊に至る．ただし，実際の実験においては，固体固有の電気伝導機構に加えて種々の2次的効果が重畳し，固体の電気伝導機構は複雑になる．

### ■ 例題7.1 ■

固体誘電体に直流電圧を印加したときの**吸収電流**（absorption current）と，**もれ電流**（leakage current）について説明せよ．

**【解答】** 一定の直流電圧を印加したときの誘電体中を流れる電流は，一般に図7.2のような時間変化を示す．すなわち，誘電体中を流れる電流は時間とともに減少し，一定値に落ち着く．図中の $I_{sp}$, $I_a$, $I_d$ は，それぞれ瞬時充電電流，吸収電流，もれ電流である．$I_{sp}$ は，電圧印加直後に瞬間時に流れる電流であり，電極配置の幾何学的寸法で決まる静電容量の充電および誘電体中の緩和時間の小さい電子分極，原子分極の誘電分極によるもので，瞬時に減衰する．$I_a$ は，比較的緩和時間の大きな誘電分極（双極子分極，空間電荷分極，界面分極）によるもので，徐々に減衰する．$I_d$ は，時間に対して一定で誘電体内のキャリア（電子，正孔，イオン）によるもので，この $I_d$ の値から，誘電体の抵抗率を求めることができる．

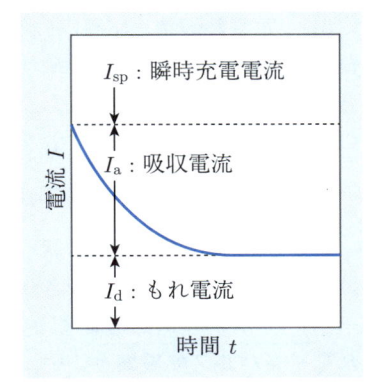

図7.2　**固体誘電体を流れる電流**

## 7.2 固体の絶縁破壊理論

固体誘電体の絶縁破壊としては，大別すると，熱的破壊，電子的破壊および電気機械的破壊がある．たとえば，試料に交流電圧を印加し，試料内発熱が引き起こされて絶縁破壊する際は熱的破壊であり，純粋な結晶に印加時間の短いパルス電圧を印加し，絶縁破壊させた場合は電子的破壊であると考えられる．

以下に，現在まで提案されている主な絶縁破壊理論について述べる．

### 7.2.1 熱的破壊

**熱的破壊**は，伝導電流に基づくジュール発熱や交流電界によって生じる誘電損にもとづく発熱が，試料内での熱放散よりも大きくなったときに，試料の温度が上昇し破壊するという理論である．

熱的破壊は，電界を印加する時間によって**定常熱破壊**（steady state breakdown）と**インパルス熱破壊**（impulse thermal breakdown）に分類される．試料に電界が印加されたときの熱平衡の関係は，次式で記述される．

$$C_v \frac{dT}{dt} - \mathrm{div}(k\,\mathrm{grad}\,T) = \sigma E^2 \tag{7.1}$$

ここで，$C_v$ は単位体積の熱容量，$T$ は温度，$t$ は時間，$k$ は熱伝導率，$\sigma$ は導電率である．左辺の第1項と第2項は，それぞれ温度上昇のためのエネルギーと熱伝導によって放熱するエネルギーを表している．一方，右辺はジュール熱によるエネルギーで，$\sigma$ に寄与するキャリアとしては，イオンでも電子でもよく，交流の場合は $\sigma$ に誘電損も含める．

(a) **定常熱破壊** 試料内の熱的な平衡条件が成り立たず，試料温度が上昇し続けるような電界が，絶縁破壊の強さとなる．電界をゆっくりと上昇させた場合や直流電界を長時間印加した場合は，試料内の温度変化は小さいため，左辺の第1項は省略される．これを**定常熱破壊**といい，次式で表される．

$$-\mathrm{div}(k\,\mathrm{grad}\,T) = \sigma E^2 \tag{7.2}$$

定常熱破壊では熱が定常状態に保たれていることから，破壊は周囲の温度や試料の幾何学的形状に影響される．

(b) **インパルス熱破壊** インパルスのような電界が急速に上昇する場合，これを**インパルス熱破壊**といい，次式で表される．

$$C_v \frac{dT}{dt} = \sigma E^2 \tag{7.3}$$

この破壊では，熱伝導が起こる時間を無視できるため，発生したすべての熱は試料の温度を上昇させるためのエネルギーとして用いられる．

熱破壊では，熱が直接破壊に寄与するため，電子的破壊と比較して破壊までの時間遅れが大きく，周囲温度が絶縁破壊の強さに影響を与える．一般に熱的破壊においては，試料の温度が上昇すると，絶縁破壊の強さは低下する．

### 7.2.2 電子的破壊

**電子的破壊**は固体中の電子が関与する破壊理論であり，破壊直前には，高電界のため電子が急増する．通常 $1\,\mu s$ 以下の短時間で破壊する．この電子の急増に関しては，次の2つがある．

(1) 伝導電子のエネルギーのバランスが失われるもの
(2) 電界によって電子が非直線的に増大するもの

(1) としては**真性破壊**（intrinsic breakdown）と**電子なだれ破壊**（electron avalanche breakdown）があり，(2) としては**ツェナー破壊**（Zener breakdown）がある．

次にこれらの破壊理論について述べる．

(a) **真性破壊** この破壊では，絶縁破壊の強さが試料厚さ，電極金属の仕事関数および印加電圧波形に依存しないため，絶縁破壊の強さは固体固有の物理定数と考えることができる．

この破壊においては，電子が電界中で加速されるときに得るエネルギーと，電界の作用を受けて移動する際に格子振動との衝突によって失うエネルギーのバランスを考え，このバランスが成り立つ最大電界を絶縁破壊の強さとする．この破壊には，次の2つがある．

- 平均的な1個の電子についてエネルギーバランスを考える**単一電子近似**
- 伝導電子のエネルギー分布関数とエネルギーのバランスを考慮した**集合電子近似**

(b) **電子なだれ破壊** この破壊では，気体放電における自由電子の衝突電離と同様に，試料中の伝導電子が高電界下で加速され，格子との衝突を繰り返すことによって伝導電子が急増し，分子結合を破壊する．伝導電子と格子との衝突電離が連続的に起こることにより電子なだれが形成され，電子なだれの大きさがある限界を超えるときの電界を絶縁破壊の強さとする．

代表的な電子なだれ破壊理論としては，ザイツ（Seitz）の40世代理論がある．この理論では，1個の電子が陰極を出発して格子との衝突を約40回繰り返

すと電子なだれ領域がある大きさに成長し、この領域内にある分子結合をすべて切断するのに必要なエネルギーに到達する電界を絶縁破壊の強さとする．

電子なだれ破壊においては，真性破壊と比較してなだれ形成に時間を要すること，試料厚さや電極金属の仕事関数に依存すること，などの特徴がある．

(c) **ツェナー破壊**　この破壊では，量子力学的**トンネル効果**（tunnel effect）により，価電子帯から伝導帯への電子の遷移により伝導電子が急増し，絶縁破壊に至る．この破壊の特徴は，絶縁破壊の強さが試料厚さおよび温度によって変化しないことである．ツェナー破壊を生じる絶縁破壊の強さは，$1000\,\mathrm{MV\cdot m^{-1}}$ 程度と評価されている．したがって，この破壊は，トンネル効果が起きやすい小さいバンドギャップの半導体の破壊に適用される．なお，このツェナー破壊に関しては，第 11 章 11.2 節でも説明する．

### 7.2.3　電気機械的破壊

**電気機械的破壊**では，電界印加に伴う**マクスウェル応力**（Maxwell stress）によって試料が機械的に圧縮され，試料厚さが縮小し，絶縁破壊に至る．この破壊の絶縁破壊の強さは $100\,\mathrm{MV\cdot m^{-1}}$ 以上と大きいので，通常の試料ではこの破壊が起こる以前に他の破壊が先行する．しかし，高分子材料のように高温で軟化し，大きな機械的変形を生じる試料では，この破壊が起こり得る．試料厚さ $d_0$ の試料に電圧 V を印加したとき，試料が厚さ $d$ に圧縮されてマクスウェル応力 $F_\mathrm{a}$ と試料の歪応力 $F_\mathrm{b}$ が釣り合ったとすれば，$F_\mathrm{a} = F_\mathrm{b}$ から，次式が成り立つ．

$$\frac{\varepsilon_0 \varepsilon_\mathrm{r}}{2}\frac{V^2}{d^2} = Y \log \frac{d_0}{d}$$

ここで，$Y$ はヤング率（弾性率），$\varepsilon_0$ は真空誘電率，$\varepsilon_\mathrm{r}$ は固体の比誘電率である．$d^2 \log(\frac{d_0}{d})$ の値は $\log \frac{d_0}{d} = \frac{1}{2}$ のときに最大値を持ち，そのときの条件は

$$\frac{d_0}{d} = \exp(-\tfrac{1}{2}) \fallingdotseq 0.6$$

である．これを満足する以上の電圧が印加されれば，平衡条件は存在せず，絶縁破壊電圧 $V_\mathrm{B}$ で破壊してしまう．したがって，絶縁破壊の強さ $E_\mathrm{B}$ は

$$E_\mathrm{B} = \frac{V_\mathrm{B}}{d_0} = 0.6 \left(\frac{Y}{\varepsilon_0 \varepsilon_\mathrm{r}}\right)^{1/2}$$

ヤング率は温度とともに減少するので，絶縁破壊の強さは温度上昇とともに低下することになる．

## 7.3 固体の絶縁破壊の強さ

　固体誘電体の絶縁破壊は，試料に加わる印加電圧の種類や試料の状態（試料の形状，寸法，電極形状，温度，周囲条件など）によって影響を受ける．固体誘電体の絶縁破壊電圧や絶縁破壊の強さを求めるために，図7.3 に示すような，**リセス型試料（凹型試料），マッケオン（Mackeon）型試料，拡散端蒸着電極試料（薄膜用）**などが用いられている．

　拡散端蒸着電極を有する試料では，蒸着された電極の周縁部はぼやけ，厚さも薄くなり，この部分での電気抵抗が大きくなり周縁部に生じる高電界を緩和する効果がある．また，非常に薄い試料に薄い蒸着膜（20 nm 以下）をつけると，試料の最弱点部がまず破壊され，その破壊点を中心にその近くの金属は蒸発し，弱点部は除かれ絶縁が回復するという効果，いわゆる**セルフヒーリング**（self-healing：**SH**）効果がみられる．このような試料を用いると，試料の弱点部が取り除かれ，試料の本質的な絶縁破壊の強さに近い値を知ることができる．この SH については，第 10 章 10.6 節でも説明する．

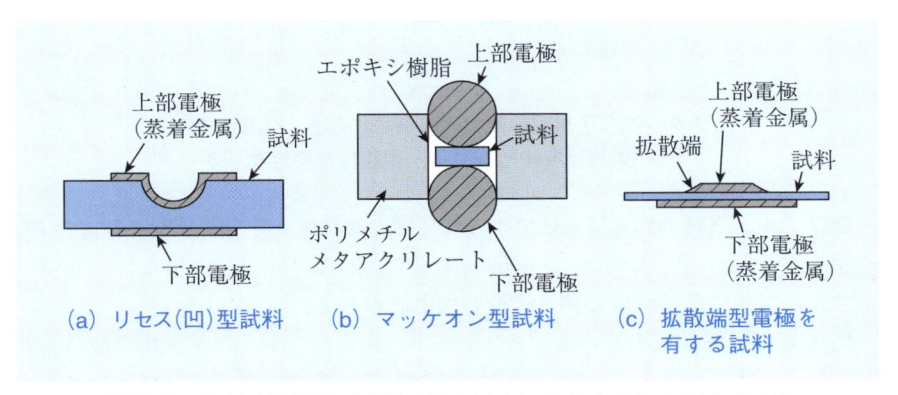

図7.3　絶縁破壊電圧（絶縁破壊の強さ）を求めるための試料形状

(a) リセス（凹）型試料　(b) マッケオン型試料　(c) 拡散端型電極を有する試料

　図7.4 は，高分子材料（ポリマー材料）の絶縁破壊の強さ $E_B$ と温度の関係を示したものである．一般の高分子材料の $E_B$ は温度が上昇すると低下していくが，これは温度とともに破壊を支配する破壊機構や破壊過程が変化していくためである．低温においては，無極性高分子に比較して有極性高分子のほうが常温付近で $E_B$ は高いが，高温になると有極性高分子の $E_B$ が急激に低下する傾向がある．また，現在までに調べられた高分子材料の最高の $E_B$ は，側鎖に大きな極

性基 OH を持つポリビニルアルコールの $-200°C$ 付近における $1500\,\mathrm{MV\cdot m^{-1}}$ である．高分子材料の $E_B$ の変化は，高分子の結晶性や分子鎖セグメント運動などと密接に関連していることが考えられる．

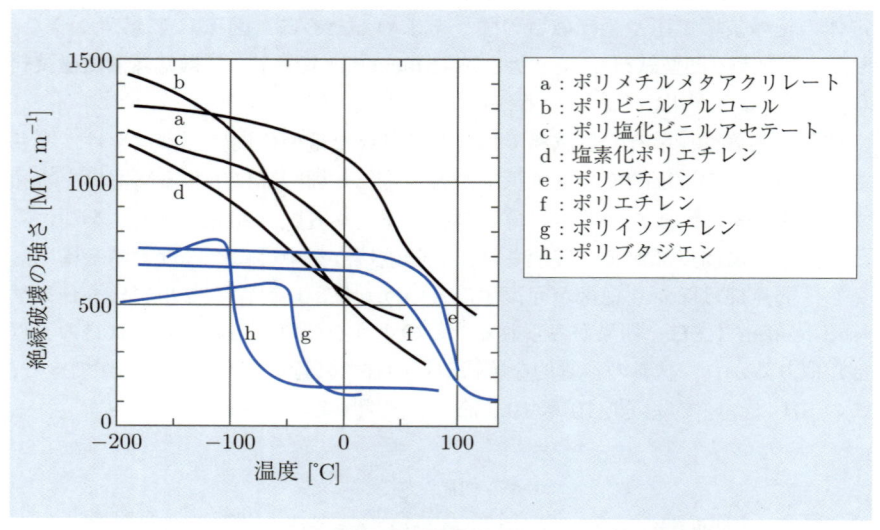

**図7.4** 高分子材料の直流絶縁破壊の強さと温度の関係
（黒線は有極性高分子，青線は無極性高分子）[3]

a：ポリメチルメタアクリレート
b：ポリビニルアルコール
c：ポリ塩化ビニルアセテート
d：塩素化ポリエチレン
e：ポリスチレン
f：ポリエチレン
g：ポリイソブチレン
h：ポリブタジエン

**表7.1** に，各種の固体誘電体で得られている常温付近での絶縁破壊の強さ $E_B$ を示す．これら $E_B$ の値は，2次的効果をできるだけ除去して得られたものであり，誘電体の真性破壊の強さに近い値と思われる．

同表から，ポリメチルメタアクリレート，白雲母，シリコン酸化膜の絶縁破壊の強さが大きい値となっていることがわかる．また，ポリイソブチレン，天然ゴム，ブチルゴムは小さい値となっており，常温付近ではゴム状材料は絶縁破壊しやすい材料の一つであることもわかる．

**図7.5** は，印加時間による絶縁破壊の強さと破壊機構の変化を示したものである．印加時間とともに，真性的な破壊から熱的破壊に，そしてエロージョン（侵食）や電気化学的な破壊（劣化）へと変化していく様子を示している．

表7.1　固体誘電体の絶縁破壊の強さ[6]

| 材料 | 絶縁破壊の強さ [MV·m⁻¹] | 材料 | 絶縁破壊の強さ [MV·m⁻¹] |
|---|---|---|---|
| ポリエチレン | 630〜700 | ブチルゴム | 120 |
| ポリスチレン | 600 | 白雲母 | 1000〜1100 |
| ポリメチルメタアクリレート | 1000 | 金雲母 | 400 |
| 可塑化ポリ塩化ビニル | 270〜350 | 水晶 | 670 |
| ポリビニルアルコール | 300 | シリカガラス | 540 |
| 塩素化ポリエチレン | 650 | 油浸紙 | 150〜220 |
| ポリエチレンテレフタレート | 600 | シリコン酸化膜 | 500〜1200 |
| 不飽和ポリエステル | 560 | タンタル酸化膜 | 100〜600 |
| ポリイソブチレン | 100 | 液晶ポリマー | 30〜40 |
| 天然ゴム | 150 | | |

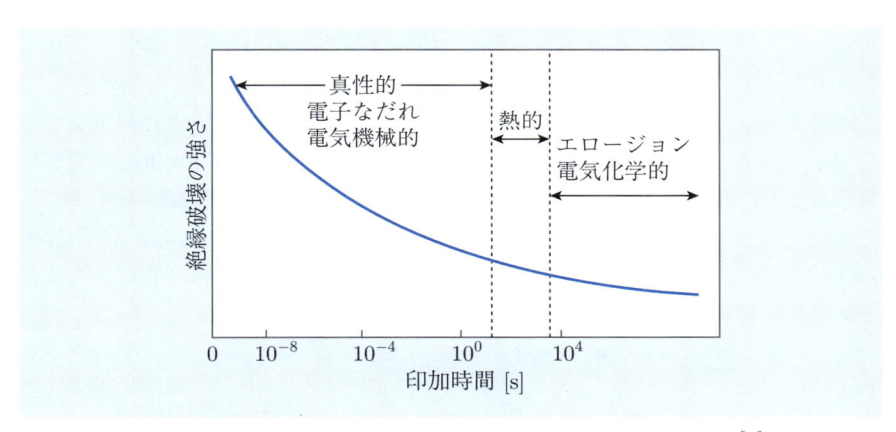

図7.5　印加時間による絶縁破壊の強さと破壊機構の変化[5]

## 7.4 固体の絶縁劣化

誘電体の持つ電気的または機械的な性能は，種々の原因のために時間の経過とともに低下していくのが普通である．このような現象を**絶縁劣化**という．電気機器の性能の低下は，それらの機器を構成している誘電体の劣化が原因となって生じることが多い．

絶縁劣化を引き起こす要因としては，電気的，熱的，機械的などが考えられる．誘電体の寿命特性である **V-t 特性**（voltage-time characteristics），すなわち印加電圧 $V$（または印加電界 $E$）と絶縁破壊するまでの印加時間 $t_B$ の特性を log-log で表すと，直線になることは経験的によく知られている．$V$ と $t_B$ の関係は逆 $n$ 乗則にしたがっており，以下のように表せる．

$$V = K t_B^{-1/n} \tag{7.4}$$

ここで，$K$ は定数，$n$ は劣化の速度を示す定数である．すなわち，劣化速度が速いとき傾きは急で $n$ は小さくなり，劣化が緩慢であると傾きは小さく $n$ は大きくなる．

図 7.6 は，固体誘電体における $V$-$t$ 特性であり，印加電圧 $V$ と絶縁破壊するまでの時間 $t_B$ の関係を示している．この寿命特性の特徴は，log-log で直線になることと，ある電圧以下では絶縁劣化しない電圧の限界値 $V_0$ が存在することである．また，破壊時間が短い場合は固体固有の真性破壊値 $V_i$ に近く，限界値 $V_0$ 以上で印加電圧が低いところでは破壊時間が長くなる．絶縁劣化が生じると最終的には絶縁破壊に至る．

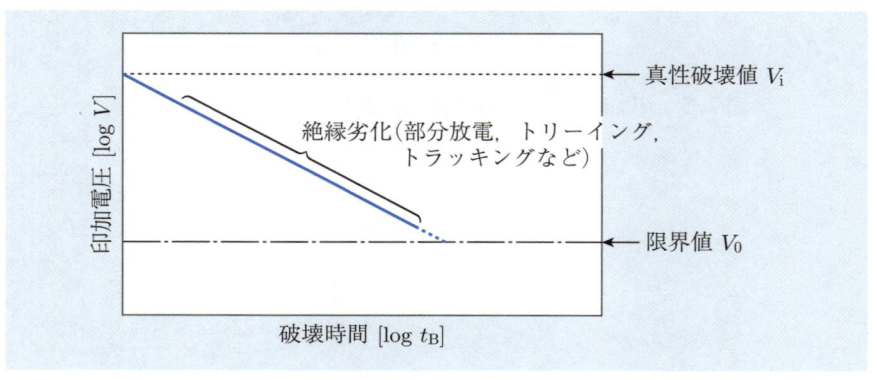

図 7.6　固体誘電体における **V-t 特性**（**V** は印加電圧，**$t_B$** は破壊時間）

## 7.4 固体の絶縁劣化

なお，2つの物理量の関係が両対数グラフで直線になることを**べき乗法則**（power law）という．このべき乗法則が成り立つことや限界値が存在することなどは，1.3節でも述べたが，複雑系の物理現象によくみられるものである．このようなべき乗法則で表される物理現象の機構については，現象そのものも複雑であり，現時点でも不明な点が多い．

次に，固体誘電体に電界が印加されることに起因する電気的劣化のうち，代表的な部分放電劣化，トリーイング劣化およびトラッキング劣化について述べる．

### 7.4.1 部分放電劣化

固体を中心とした複合絶縁構成において，絶縁破壊の強さの小さい気体，あるいは液体に加わる局部電界が一定限界（部分放電開始電界）に達すると，この部分が破壊して部分放電を形成し，主絶縁，特に固体誘電体を劣化し，ついに全路破壊に至る．このような劣化形態を**部分放電劣化**という．

部分放電が発生すると，放電空間内に豊富な電子，イオン，励起電子などが生じ，光，熱作用を伴って種々の劣化作用を固体誘電体に及ぼす．このとき一般に高分子材料は無機材料に比較して劣化や損傷を受けやすい．比較的肉厚の高分子材料においては，部分放電が進行するとやがて樹枝状（トリー状）の部分破壊路が発生し，最終的には絶縁破壊に至る．

### 7.4.2 トリーイング劣化

電力ケーブルなどの比較的肉厚の誘電体中に生じる樹枝状の劣化痕跡を**トリー**（tree）と呼んでいる．トリーには，**電気トリー**（electrical tree）と**水トリー**（water tree）がある．このトリーが発生・進展する現象を**トリーイング**（treeing）といい，このトリーに伴う劣化を**トリーイング劣化**という．

(a) **電気トリー** 電気トリーは，導電面と固体誘電体の界面の突起部や，誘電体中のボイド，異物などの局部的高電界部から生じる．電気トリーは，固体誘電体の種類，印加電圧波形および電圧の大きさなどにより形状が異なる．図7.7は，ポリエチレン中の針電極先端から発生した交流印加時の代表的な電気トリーの形状である．

(b) **水トリー** 水トリーは，水に接する状態で固体誘電体に交流電界が印加されたときに誘電体層と電極の界面や固体誘電体中のボイド，異物などに生じる劣化痕跡である．水トリー部には水分が検出され，乾燥すると水トリーの痕跡が消えるが，温水中で煮沸すると再び観察される．

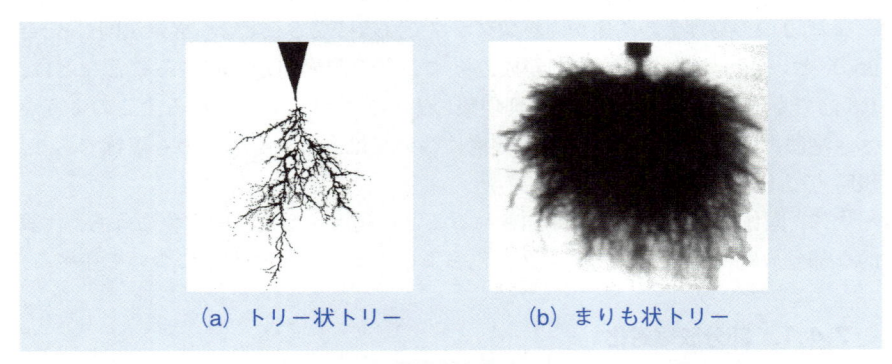

(a) トリー状トリー　　(b) まりも状トリー

**図7.7** ポリエチレン中の針電極先端から発生した電気トリー

図7.8 は，CV ケーブル（10.5 節参照）の架橋ポリエチレン中に発生した代表的な水トリーの例と水トリー先端から電気トリーが発生している例である．電気トリーは交流，直流，インパルスの電圧波形に関わらず発生するが，水トリーは水と交流電圧が共存したときに生じる．

(a) 水トリー　　(b) 水トリー先端からの電気トリー発生

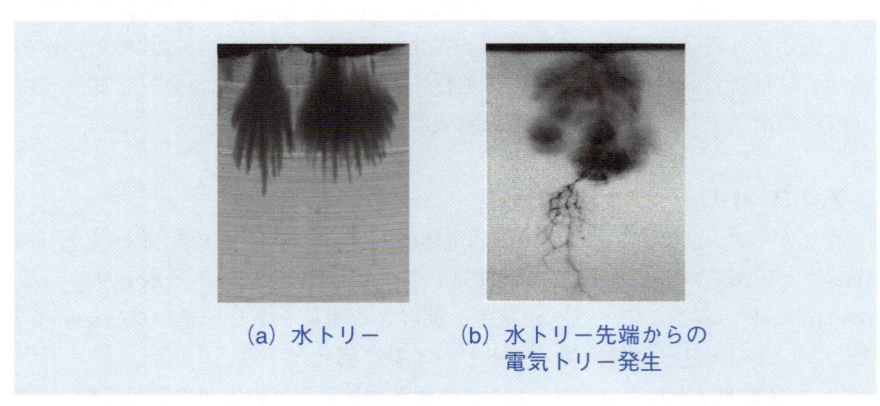

**図7.8** CV ケーブルの架橋ポリエチレン中に生じた水トリー

### 7.4.3　トラッキング劣化

**トラッキング劣化**とは，固体誘電体表面上の沿面方向に電界が存在するところに**劣化導電路**（track）を形成し，表面の絶縁性能が低下し，ついには表面の絶縁が破壊する劣化である．無機材料はトラッキング劣化を起こしにくいが，一般の高分子材料はもともと炭素が主成分であるので，炭化されやすく，トラッキング劣化を起こしやすい．

# 7章の問題

**7.1** プール–フレンケル効果とショットキー効果について説明せよ．

**7.2** 固体物質を導体，半導体，絶縁体の3つに分類することがよく行われる．これはどのような物理定数（測定値）に基づいてなされるか説明せよ．

**7.3** 固体誘電体における電気機械的破壊は，気体，液体の誘電体にはみられない固体特有の破壊である．この破壊理論について簡単に説明せよ．

**7.4** 絶縁劣化と絶縁破壊の違いについて説明せよ．

**7.5** 水トリー劣化の機構について説明せよ．

# 第8章

# 複合誘電体の部分放電と絶縁破壊

　電気機器や電気設備では，固体誘電体が単独で使用される場合はまれであり，通常，気体と固体，液体と固体などの異種の誘電体を組合せ，**複合誘電体**（composite dielectrics）として用いることが多い．実際の複合誘電体の例としては，固体誘電体中にボイドを含む固体と気体の複合誘電体や，液体中に気泡を含む液体と気体の複合誘電体などがある．

　本章では，複合誘電体の基本式と代表的な複合誘電体の絶縁破壊現象について学ぶ．

## 8.1 二層誘電体の絶縁破壊の強さ

図8.1 に，二層の複合誘電体を示す．2 枚の平行平板電極間に，厚さ $d_1$, $d_2$ の異種の誘電体を直列に挿入し，電極間に電圧 $V$ を印加する．ただし，第一層と第二層における電圧を $V_1$, $V_2$，電界の強さを $E_1$, $E_2$，誘電率を $\varepsilon_1$, $\varepsilon_2$，**導電率**（conductivity）を $\sigma_1$, $\sigma_2$，**抵抗率**（resistivity）を $\rho_1$, $\rho_2$ とする．

(a) **電極間に交流電圧，またはインパルス電圧を印加したとき**　第一層と第二層における電界の強さは

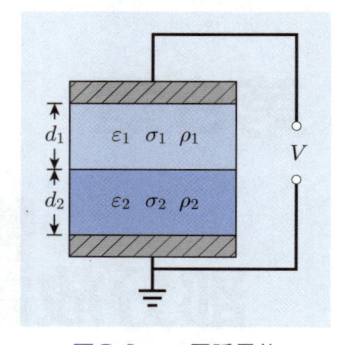

図8.1　二層誘電体

$$E_1 = \frac{\sigma_2 + j\varepsilon_2}{d_1(\sigma_2 + j\varepsilon_2) + d_2(\sigma_1 + j\varepsilon_1)} V$$

$$E_2 = \frac{\sigma_1 + j\varepsilon_1}{d_1(\sigma_2 + j\varepsilon_2) + d_2(\sigma_1 + j\varepsilon_1)} V$$

もし，両方の層が導電率の極めて小さい誘電体であれば，電界の強さはそれぞれ次のようになる．

$$E_1 = \frac{\varepsilon_2}{d_1 \varepsilon_2 + d_2 \varepsilon_1} V \tag{8.1}$$

$$E_2 = \frac{\varepsilon_1}{d_1 \varepsilon_2 + d_2 \varepsilon_1} V \tag{8.2}$$

すなわち，次式のように各層の電圧分担が容量分圧で決まる．

$$\frac{E_1}{E_2} = \frac{\varepsilon_2}{\varepsilon_1} \tag{8.3}$$

それぞれの層の電界の強さは，誘電率の大小によって決まる．いま，第一層と第二層の誘電体の絶縁破壊の強さをそれぞれ $E_{1s}$, $E_{2s}$ とする．もし

$$\varepsilon_1 E_{1s} < \varepsilon_2 E_{2s}$$

となるときは，第一層の誘電体が先に破壊することになる．

(b) **電極間に直流電圧を印加したとき**　印加後十分な時間が経った後では，第一層と第二層における電界の強さは

$$E_1 = \frac{\sigma_2}{d_1 \sigma_2 + d_2 \sigma_1} V = \frac{\rho_1}{d_1 \rho_1 + d_2 \rho_2} V$$

$$E_2 = \frac{\sigma_1}{d_1 \sigma_2 + d_2 \sigma_1} V = \frac{\rho_2}{d_1 \rho_1 + d_2 \rho_2} V$$

すなわち，次式のように各層の電圧分担が抵抗分圧で決まる．

$$\frac{E_1}{E_2} = \frac{\sigma_2}{\sigma_1} = \frac{\rho_1}{\rho_2} \tag{8.4}$$

それぞれの層の電界の強さは，<u>抵抗率の大小によって決まる</u>．もし

$$\rho_2 E_{1\mathrm{s}} < \rho_1 E_{2\mathrm{s}}$$

となるときは，第一層が先に破壊することになる．

### ■ 例題8.1 ■

図8.2 **(a)** に示すように，$2\,\mathrm{cm}$ の空気層からなる平行平板電極間に $50\,\mathrm{kV}$ の交流電圧を印加する．この電極間に同図 **(b)** のような厚さ $d\,[\mathrm{cm}]$，比誘電率 $\varepsilon_\mathrm{r} = 5$ の固体誘電体シートを挿入したときの空気層における絶縁破壊の条件を求めよ．ただし，空気の絶縁破壊の強さを $30\,\mathrm{kV\cdot cm^{-1}}$ とせよ．

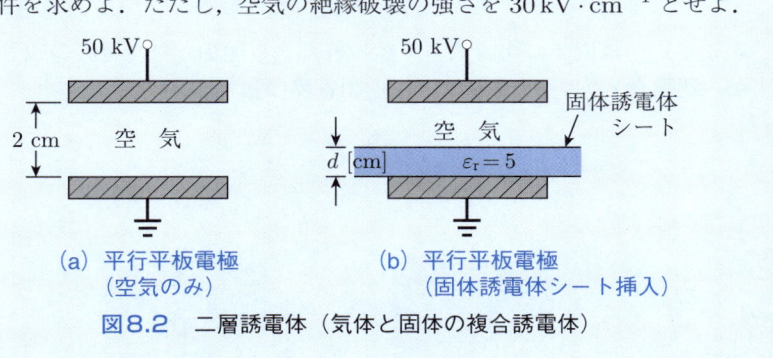

**図8.2** 二層誘電体（気体と固体の複合誘電体）

**【解答】** 電極間が空気のみの場合の電界の強さ $E_0$ は，$E_0 = \frac{50\,[\mathrm{kV}]}{2\,[\mathrm{cm}]} = 2.5\,[\mathrm{MV\cdot m^{-1}}]$ となり，空気の絶縁破壊の強さ $30\,[\mathrm{kV\cdot cm^{-1}}] = 3\,[\mathrm{MV\cdot m^{-1}}]$ より小さいため空気が絶縁破壊されない．

一方，固体誘電体シートを挿入したときの空気中の電界の強さ $E$ は，式 (8.1) より次のようになる．

$$E = \frac{5\varepsilon_0}{(2-d)\times 5\varepsilon_0 + d\varepsilon_0} V = \frac{1}{(2-d)+\frac{d}{5}} 50$$

$$= \frac{50}{2-0.8d}\,[\mathrm{kV\cdot cm^{-1}}] = \frac{50}{2-0.8d}\times 10^2\,[\mathrm{kV\cdot m^{-1}}]$$

したがって，$d > 0.42\,[\mathrm{cm}]$ の場合に $E > 30\,[\mathrm{kV\cdot cm^{-1}}] = 3\,[\mathrm{MV\cdot m^{-1}}]$ となり，空気が絶縁破壊される．空気が絶縁破壊されれば，印加電圧のすべてが固体誘電体シートに加わり，その電界の強さは約 $12\,\mathrm{MV\cdot m^{-1}}$ となる．固体誘電体シートがこの電界に耐えられなければ，続いて固体誘電体シートが破壊される．すなわち，同図 **(a)** において，空気のみの場合は絶縁破壊しない条件であったものが，固体誘電体シートを挿入したために空気が絶縁破壊されてしまう．■

## 8.2 気体と固体の複合誘電体

高電圧機器において,固体誘電体を用いる場合,この中にボイドが存在すると,このボイド内で部分放電が生じる.これを**ボイド放電**(void discharge)という.このボイド放電が原因となって絶縁劣化や絶縁破壊が起こり,固体誘電体の寿命が短くなる.

**図8.3**は,固体中に存在する代表的なボイドを示している.ただし,ボイドの誘電率は真空の誘電率 $\varepsilon_0$ に等しいとする.**同図(a)**の薄いボイド中の電界の強さ $E_v$ は

$$E_v = \frac{\varepsilon_2}{\varepsilon_1}E = \frac{\varepsilon_0 \varepsilon_r}{\varepsilon_0}E = \varepsilon_r E$$

ここで,$\varepsilon_r$ は固体の比誘電率,$E$ は外部から印加された電界の強さである.また,**同図(b)**のような球形ボイド中の電界の強さ $E_v$ は

$$E_v = \frac{3}{2+\frac{\varepsilon_1}{\varepsilon_2}}E = \frac{3}{2+\frac{1}{\varepsilon_r}}E$$

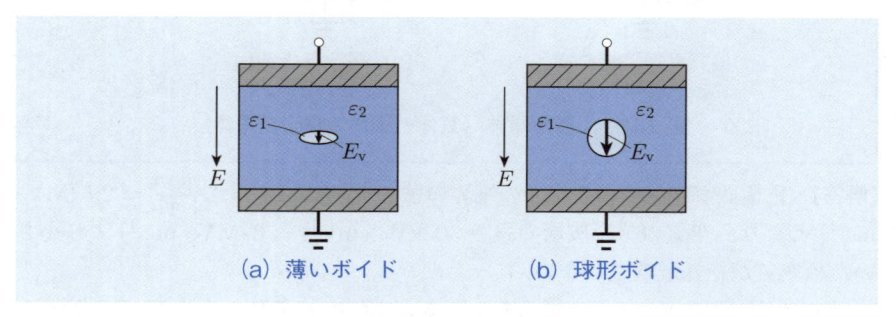

(a) 薄いボイド　　(b) 球形ボイド

**図8.3** 固体中の代表的なボイド

以上の結果より,ボイド中の電界の強さは固体の部分のそれよりも大きく,かつ気体の絶縁破壊の強さは固体より小さい値であるから,最初にボイド放電が発生する.肉厚の固体では,ボイド放電による劣化が進行するとボイド先端部に**ピット**(pit)といわれる侵食孔が生じ,そのピット先端に電界が集中する.ピット先端の電界の強さが固体の絶縁破壊の強さ以上の電界になるとピット先端から**電気トリー**が発生する.電気トリー管内で部分放電が継続すると,電気トリー先端では高い不平等電界が形成され,さらに電気トリーは進展し,ついには絶縁破壊に至る.

## 8.3 液体と固体の複合誘電体

絶縁油を高電圧機器の絶縁に利用する場合には，絶縁油を単独で用いることは少なく，絶縁油と固体誘電体を組み合わせて用いる．絶縁油を単独で用いると，予想外に低い電界で破壊することがある．この理由としては，油中の不純物，水分，溶解ガス，残留気泡などが高電界部分に集まり，電極間を橋絡するためと考えられている．このような2次的効果を防止するために，通常，絶縁油と固体誘電体（クラフト紙，プラスチックフィルムなど）を一緒に用いる．この絶縁方式を油浸絶縁（oil-impregnated insulation）という．

現在においても，高電圧機器の絶縁方式に多く採用されているのが油浸絶縁である．油浸絶縁の長所としては

- 絶縁特性が極めて優れていること
- 最も高い電圧階級を絶縁することができること
- 絶縁油の循環を利用して良好な放熱をすることができること
- 油浸絶縁構造の油入変圧器においては，油中でフラッシオーバしても絶縁は使用不能にならず，自復性があること

などが挙げられる．これらの長所は，他の絶縁方式に比べて優れている．

油浸絶縁の短所としては

- 可燃性の絶縁油を用いること
- 容器が必要であること
- 重量大になること

などが挙げられる．

油浸絶縁をその構造から大別すると，

(1) 油含浸型絶縁
(2) 油浸漬型絶縁

の2種類がある．(1)の代表例は電力ケーブルと電力用キャパシタであり，油含浸紙またはプラスチックフィルムを導体に巻き付けるか，導体上に重ねるかした後に全体を油中に入れる．(1)では，絶縁油と固体誘電体とがより一体となっており，絶縁油は固体誘電体中のボイドや層間のギャップを埋めてそこでの部分放電を抑える役割をしている．

一方，(2)の代表例は油入変圧器であり，固体誘電体は支持物，スペーサ，しゃへい，バリア（barrier）として用いられ，絶縁油と固体誘電体からなる多数の再分割構造となっている．また，(2)では大きな油ギャップが存在しており，そ

のため油中で発生した部分放電の進展を固体誘電体で阻止するバリア絶縁が重要となる．油浸絶縁に関しては第 10 章 10.5 節，10.6 節，10.7 節でも説明する．
図 8.4 に，油浸絶縁のインパルス破壊電界と油ギャップの寸法の関係を示す．

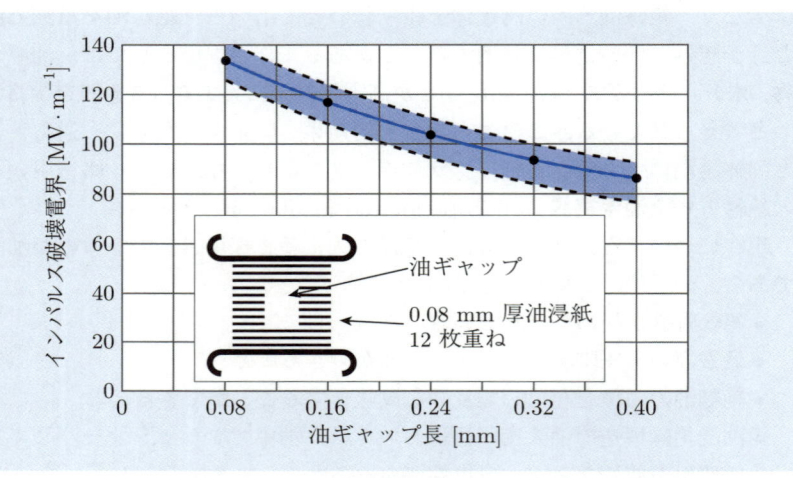

**図 8.4** 油浸絶縁のインパルス破壊電界と油ギャップの寸法の関係 [7]

### ■ 例題 8.2 ■

図 8.5 に示すような十分に長い同心円筒電極間に，誘電率がそれぞれ $\varepsilon_1 \, [\mathrm{F \cdot m^{-1}}]$，$\varepsilon_2 \, [\mathrm{F \cdot m^{-1}}]$ の 2 種類の誘電体を挿入する．電極間に電位差 $V \, [\mathrm{V}]$ を与えた場合の，それぞれの誘電体中の電界の強さ $[\mathrm{V \cdot m^{-1}}]$ を求めよ．

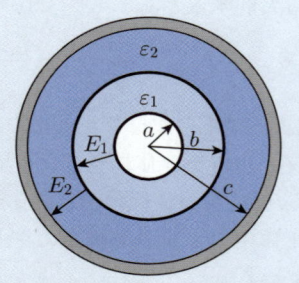

**図 8.5** 同心円筒電極間にある 2 種類の誘電体

## 8.3 液体と固体の複合誘電体

**【解答】** 単位長さ当たりの電荷を $Q\,[\mathrm{C\cdot m^{-1}}]$ とすると，電界 $E_1\,[\mathrm{V\cdot m^{-1}}]$ および $E_2\,[\mathrm{V\cdot m^{-1}}]$ は

$$E_1 = \frac{Q}{2\pi\varepsilon_1 r}\,[\mathrm{V\cdot m^{-1}}],\quad E_2 = \frac{Q}{2\pi\varepsilon_2 r}\,[\mathrm{V\cdot m^{-1}}]$$

円筒間の電位差 $V\,[\mathrm{V}]$ は

$$V = -\int_b^a E_1 dr - \int_c^b E_2 dr = \frac{Q}{2\pi}\left(\frac{1}{\varepsilon_1}\log\frac{b}{a} + \frac{1}{\varepsilon_2}\log\frac{c}{b}\right)\,[\mathrm{V}]$$

ゆえに

$$E_1 = \frac{V}{\varepsilon_1 r}\frac{1}{\frac{1}{\varepsilon_1}\log\frac{b}{a} + \frac{1}{\varepsilon_2}\log\frac{c}{b}}\,[\mathrm{V\cdot m^{-1}}]$$

$$E_2 = \frac{V}{\varepsilon_2 r}\frac{1}{\frac{1}{\varepsilon_1}\log\frac{b}{a} + \frac{1}{\varepsilon_2}\log\frac{c}{b}}\,[\mathrm{V\cdot m^{-1}}]$$

ここで，誘電率 $\varepsilon_1 > \varepsilon_2$ とすると図8.6のようになる．

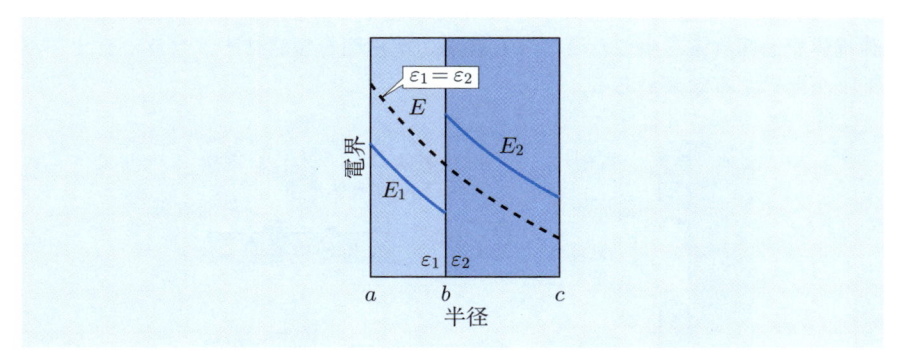

図8.6　同心円筒電極間の電界の強さ

　図の破線は，円筒間に1種類の誘電体を挿入したときの電界の強さである．同心円筒電極の場合は，もともと電界は一様ではないが，適当な誘電率の誘電体を組み合せた複合誘電体にすると，最大電界は低くなり，電界の変化幅も小さくなる．さらに，誘電体の数を増やしていくと，電界の変化幅も小さくなり，一様な電界に近づく．このように複合誘電体を用いて，誘電体内部の電界の強さをできるだけ均一にする絶縁方式を**段絶縁**（graded insulation）という．■

## 8.4 沿面放電とバリア効果

異種の誘電体の界面に沿って進展する放電現象を沿面放電という．固体誘電体表面に生じる沿面放電のうち，その表面の変質や劣化を伴わないものをフラッシオーバ（flashover）といい，表面の変質，劣化などを伴うものをトラッキング劣化と称している．

沿面放電が生じる代表的な電極配置としては，図8.7に示すように，電極間の電界（電気力線）が
(1) 固体誘電体表面と平行な電気力線平行型
(2) 固体誘電体表面に垂直な電気力線直交型

がある．(1)の場合は，固体誘電体表面で沿面放電が進展しやすく，固体誘電体がない場合に比べてフラッシオーバ電圧（flashover voltage）が低下することがある．一方，(2)の場合は，固体誘電体が放電に対してバリアの役割をし，固体誘電体で沿面放電を生じたとしても容易に電極間を短絡せず，フラッシオーバ電圧が上昇する効果がある．

(a) 電気力線平行型　　(b) 電気力線直交型

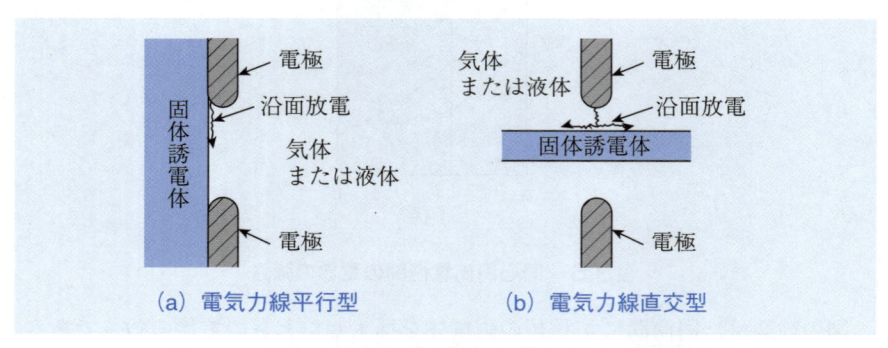

図8.7　電気力線平行型と電気力線直交型の電極配置

このように，固体誘電体を気体中または液体中に挿入し，フラッシオーバ電圧などの耐電圧特性が向上する効果をバリア効果（barrier effect）という．特に，油入変圧器では，油中の破壊特性を向上させるためにプレスボード（pressboard）などの固体誘電体をバリア材料として積極的に用いている．

## 8.5 複合誘電体の三重点

複合誘電体において，2種類の誘電体の界面と導体の表面が交わる点を**三重点**（triple junction）という．三重点近傍の電界のふるまいを**三重点効果**（triple junction effect）という．図8.8に，平行平板電極間に並列に挿入された2種類の誘電体（誘電率がそれぞれ $\varepsilon_1, \varepsilon_2$，誘電体界面が電極平面に垂直ではない）と導体表面が点Pと点Qで交わる様子を示す．三重点の電界は，点Pのように誘電率の小さい誘電体が鋭角（$\theta_1 < 90°$）の場合には無限大に，また点Qのように鈍角（$\theta_2 > 90°$）の場合には0になることが理論的に知られている．したがって，$\varepsilon_1$ 側の点P近傍では高電界になり，放電を起こしやすい．

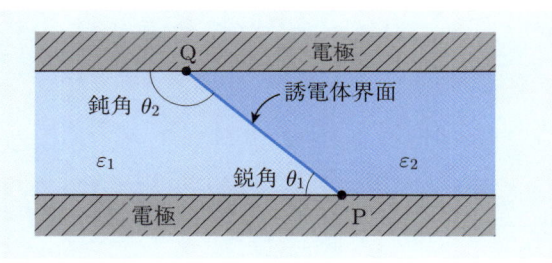

**図8.8** 2種類の誘電体界面と導体表面が交わる三重点（$\varepsilon_1 < \varepsilon_2$）[8]

図8.9は，平行平板電極間に並列に挿入された二層誘電体（左側は空気 $\frac{\varepsilon_1}{\varepsilon_0} = 1$，右側は固体 $\frac{\varepsilon_2}{\varepsilon_0} = 4$）中の等電位面の様子を示したものである．誘電率の小さい誘電体が鋭角になっており，点Pの三重点近傍においては，等電位面が密（高電界）になっていることがわかる．

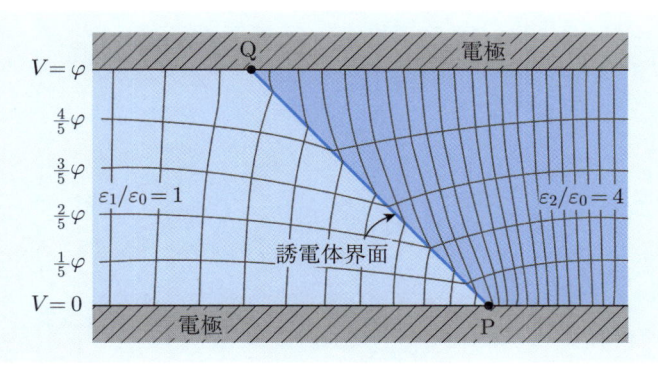

**図8.9** 平行平板電極間の二層誘電体中の等電位面の様子（点Pと点Qは三重点）[5]

## 8章の問題

- **8.1** 固体誘電体中のボイド放電から絶縁破壊に至る過程を説明せよ．
- **8.2** 油浸絶縁の長所，短所について説明せよ．
- **8.3** 変圧器，キャパシタ，ケーブルなどの電力用機器などの絶縁に用いられるクラフト紙とプレスボードについて説明せよ．
- **8.4** 沿面放電を生じる代表的な電極配置として，電気力線平行型と電気力線直交型がある．

  電気力線平行型の場合，沿面放電が生じやすい理由を述べよ．
- **8.5** 複合誘電体の三重点について説明せよ．

# 第9章

# 高電圧の発生と測定

　電力系統や高電圧機器に使用されている誘電体材料の絶縁性能を評価するために，高電圧を用いた絶縁特性試験や絶縁破壊試験などが行われる．最近，電力系統や高電圧機器においては，高電圧化，高電界化が進んできており，高電圧を印加した各種の絶縁試験やその測定法が，さらに重要さを増してきている．

　本章では，高電圧の種類として大別される交流，直流，インパルス電圧の発生方法と，それらの高電圧の測定法について学ぶ．

## 9.1 高電圧の発生

### 9.1.1 交流電圧

商用周波の**交流高電圧**（ac high voltage）を発生させる方法としては，変圧器によるものと共振回路によるものがあるが，実際には変圧器による方法が用いられる．高い電圧を発生させる**試験用変圧器**（testing transformer）は，送配電用の**電力用変圧器**（power transformer）と仕様，構造が異なる．試験用変圧器は，絶縁に主体をおいて製作されるので，巻線比が非常に大きくなる傾向にある．試験用変圧器は1線直接接地しているので，巻線の構造ならびに内部コイルの配置について十分に注意し，誘電体に掛かる電界がなるべく等しくなるようにしなければならない．この種の試験用変圧器としては，一般に内鉄油入型が用いられている．

1台の試験用変圧器で100万V以上発生させることは可能であるが，発生電圧が高くなると内部の絶縁に距離を要するので大型の装置となり，運搬，安全性などの問題が出てくる．そこで，交流高電圧発生器としては，図9.1に示すような中型の出力を持つ試験用変圧器を用いて，巻線を直列に接続する**縦続接続**（cascade connection）が採用されている．ここでは出力電圧 $V$ の試験用変圧器 $T_1$, $T_2$, $T_3$ を接続し，最終出力 $3V$ を得る例を示す．1台目の変圧器 $T_1$ の高

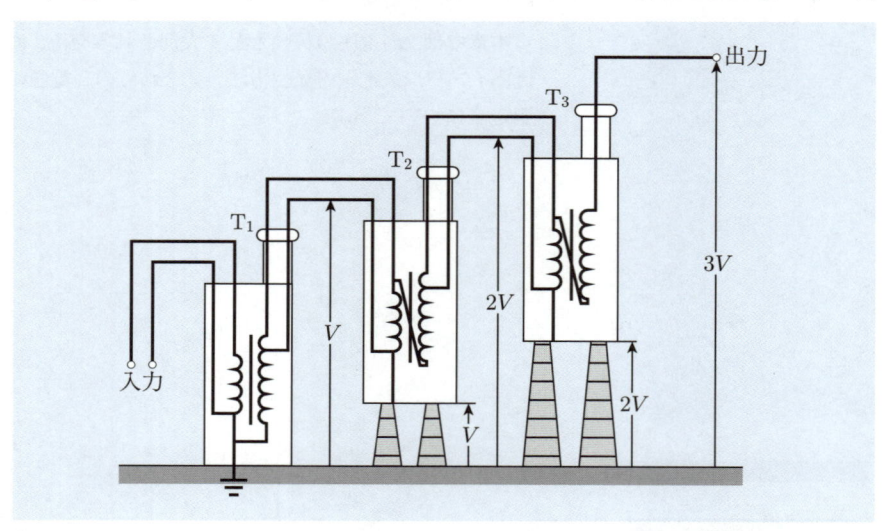

図9.1　縦続接続による交流高電圧発生器

電圧側を 2 台目の変圧器 $T_2$ の入力側に接続する．変圧器 $T_2$ は絶縁架台などで対地絶縁を施してある．同様に，2 台目の変圧器 $T_2$ と 3 台目の変圧器 $T_3$ を接続する．最終的に 3 段階の変圧器 $T_3$ から $3V$ の対地電圧を得ることができる．

### 9.1.2 直流電圧

直流高電圧（dc high voltage）を発生させるには，変圧器と**整流器**（rectifier）を組み合わせる方法が一般的である．直流高電圧を得る最も基本的な方法は，**半波整流回路**（half-wave rectification circuit）を用いることである．図9.2 に示すように，変圧器の出力側の単相交流電圧を整流器 D で半波整流し，キャパシタ $C$ で平滑化し，直流高電圧を得る．整流器としては現在，半導体整流器が多く使用されている．この方法を採用する場合，注意を要することは，整流器に加わる電圧が逆極性のときに整流電圧の 2 倍になることである．したがって，整流器 D は，これに耐える**逆耐電圧**（reverse voltage）を持たなければならない．

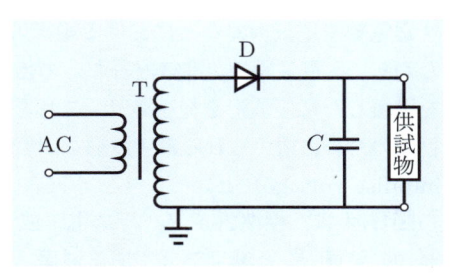

図9.2 半波整流回路を用いた直流高電圧発生器

図9.3 に，変圧器の 2 次側電圧波形とキャパシタ $C$ の端子間で得られる直流電圧波形（半波整流波形）を示す．整流された直流電圧の変動は，キャパシタ $C$ の容量ならびに負荷電流によって異なる．キャパシタ $C$ の端子間に現れる電圧 $V_2$ は，a-b-c-d のように脈動電圧となる．これを**リプル**（ripple）という．負

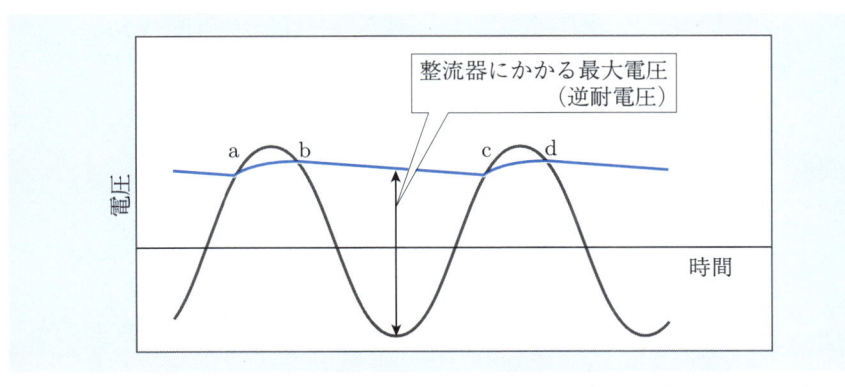

図9.3 キャパシタ $C$ の端子間で得られる直流電圧波形（半波整流波形）

荷電流が増大するとリプルが大きくなるので，その場合には整流器を 2 個以上接続することでリプルを小さくすることができる．

### 9.1.3 インパルス電圧

送電線や電気機器などにおける絶縁破壊は，雷放電に起因することが多い．したがって，電気設備，電気機器などの絶縁特性を調査するために人工的に雷波形を模擬した電圧波形を発生させ，これを用いて試験を実施する必要がある．この目的のために用いられる電圧波形を，**標準雷インパルス電圧** (standard lightning impulse voltage) という．

図 9.4 に，標準雷インパルス電圧波形を示す．この電圧波形は，立ち上がり部分の**波頭長**と減衰部分である**波尾長**を定義し，波形の規格化を行っている．標準波形として，波頭長 $1.2\,\mu$s，波尾長 $50\,\mu$s のものを採用しており，これを表現するのに，$1.2/50\,\mu$s という記号を用いる．波高値 P の 30% および 90% の 2 点 A，B を直線で結び，これが零線および波高値のレベルの交点を $O'$, C とし，点 $O'$ と点 C との時間差より波頭長 $T_1$ を決定する．30%，90% の点を結ぶ直線と零線との交点を**規約原点**といい，この規約原点から波高値が 50% に低下する点 $Q_2$ までの時間を波尾長という．

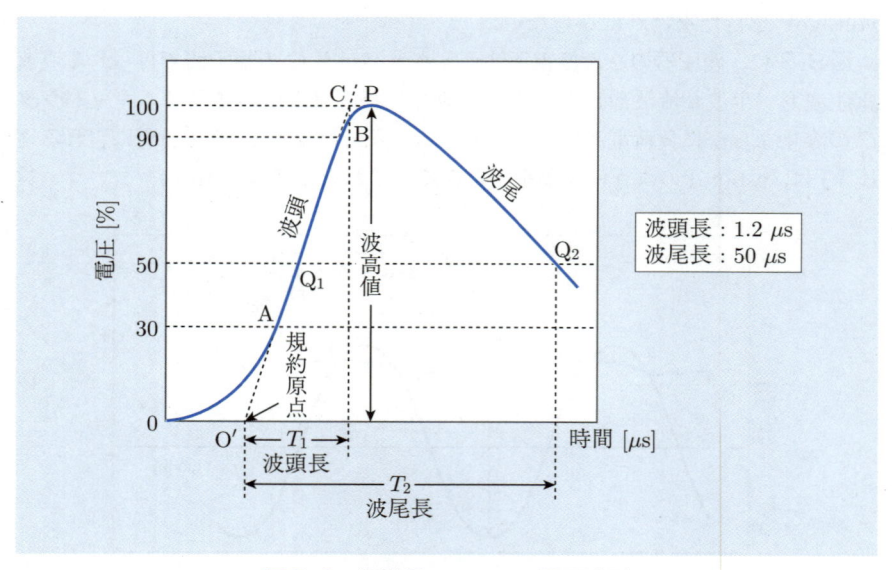

図 9.4 標準雷インパルス電圧波形

## 9.1 高電圧の発生

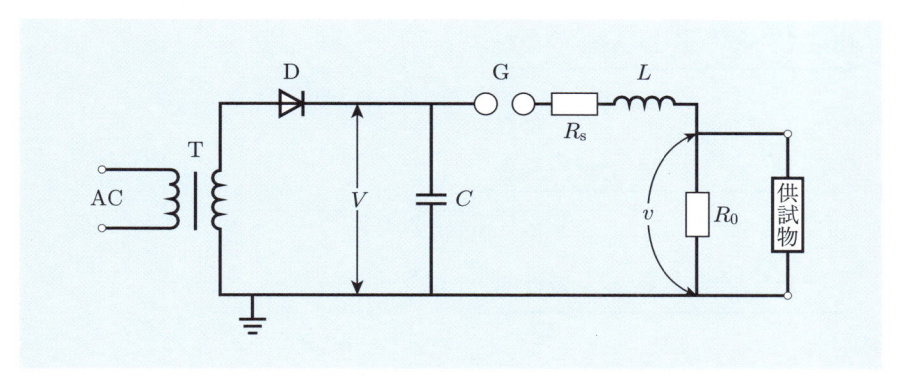

**図9.5** インパルス電圧発生回路

図9.5 は，インパルス電圧発生器（impulse voltage generator）の代表的な基本回路を示したものである．すなわち，交流高電圧を整流器で整流し，キャパシタ $C$ に充電して電荷を蓄える．$C$ の端子電圧が $V$（充電電圧）になった後，火花ギャップ G を短絡させ，蓄えた電荷を $R_s$, $L$, $R_0$ を介して急激に放電させると $R_0$ の端子間にインパルス電圧が発生する．ここで，$R_s$ は高調波振動を制御するための制動抵抗である．ギャップ G の短絡には，ギャップの間隔を自動的に狭める方法や，ギャップに電気的な始動パルスを与える方法がある．

キャパシタ $C$ に充電してある電荷が $G$, $R_s$, $L$, $R_0$ を通じて放電する際の回路の方程式（電流 $i$，電圧 $V$ とする）は，以下のように表せる．ただし，G の火花抵抗は極めて小さいので無視する．

$$L\frac{di}{dt} + (R_s + R_0)i + \frac{1}{C}\int_0^t i\,dt = V$$

回路の過渡現象の計算から，$R_0$ の端子間に次式のような電圧 $v$ が発生する．

$$v = iR_0$$
$$= V\frac{R_0}{R_s+R_0}\frac{\alpha}{\beta}\{e^{-(\alpha-\beta)t} - e^{-(\alpha+\beta)t}\}$$

ここで，$\alpha, \beta$ を以下のようにおく．

$$\alpha = \frac{R_s+R_0}{2L}, \quad \beta = \sqrt{\left(\frac{R_s+R_0}{2L}\right)^2 - \frac{1}{LC}} \tag{9.1}$$

いま，式 (9.1) の $\beta$ に注目すると，根号内の値は正，0，負の次に示す3通りになる．

(a) $\left(\frac{R_s+R_0}{2L}\right)^2 > \frac{1}{LC}$ のとき

$$v = V\frac{R_0}{R_s+R_0}\frac{\alpha}{\beta}\{e^{-(\alpha-\beta)t} - e^{-(\alpha+\beta)t}\}$$

(b) $\left(\frac{R_s+R_0}{2L}\right)^2 = \frac{1}{LC}$ のとき

$$v = V\frac{R_0}{R_s+R_0}2\alpha t e^{-\alpha t}$$

(c) $\left(\frac{R_s+R_0}{2L}\right)^2 < \frac{1}{LC}$ のとき

$$v = V\frac{R_0}{R_s+R_0}\frac{2\alpha}{\omega}e^{-\alpha t}\sin\omega t$$

ただし，$\omega = \sqrt{\frac{1}{LC} - \alpha^2}$ とする．

これら3通りの条件で得られる電圧波形を図9.6に示す．電圧 $v$ は，(a) の条件では単一方向性の電圧波形となり，(b) の条件では急激に減衰する単一波形となる．また，(c) の条件では振動的波形となる．実際の標準雷インパルス波形としては，(a) の条件が用いられる．

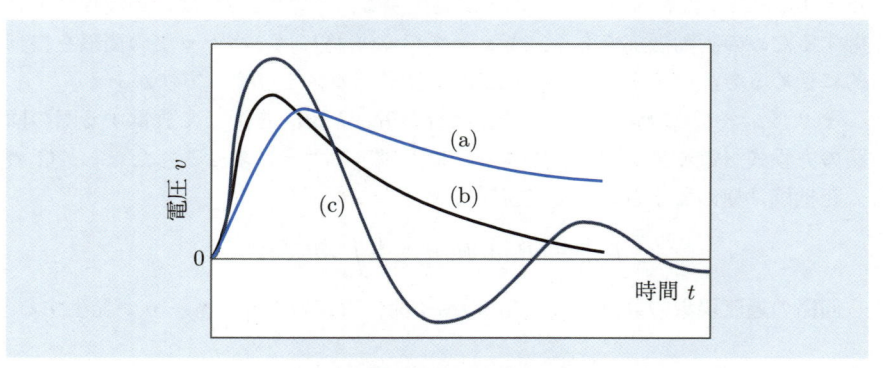

**図9.6** $R_0$ 端子間の電圧波形

## 9.2 高電圧の測定

表9.1 に，交流，直流，インパルスの高電圧の主な計測器を示す．

表9.1 高電圧（交流，直流，インパルス）の主な計測器

| 電圧波形<br>計測器 | 交　流<br>（実効値） | 交　流<br>（波高値） | 直　流 | インパルス |
|---|---|---|---|---|
| 静電電圧計 | ● | | ● | |
| 抵抗分圧器 | ● | ● | ● | ● |
| 容量分圧器 | ● | ● | | ● |
| 球ギャップ | | ● | ● | ● |
| 計器用変圧器 | ● | ● | | |

●：測定可能

### 9.2.1 静電電圧計

**静電電圧計**（electrostatic voltmeter）は，1～100 kV の高い電圧を測定する場合に用いる．この電圧計は，2つの電極間に働く静電的な吸引力（マクスウェルの応力）を利用したもので，指示値は電圧の2乗に比例する．

図9.7 に，静電電圧計の原理図を示す．電極間に高電圧 $V$ を印加すると，両電極（面積 $S$，電極間距離 $d$）間に吸引力が働き，その力に比例して可動電極が移動する．その吸引力 $F$ は

$$F = \tfrac{1}{2}\tfrac{\varepsilon_0 S}{d^2}V^2$$

したがって，電圧 $V$ は

$$V = \sqrt{\tfrac{2F}{\varepsilon_0 S}}\, d \tag{9.2}$$

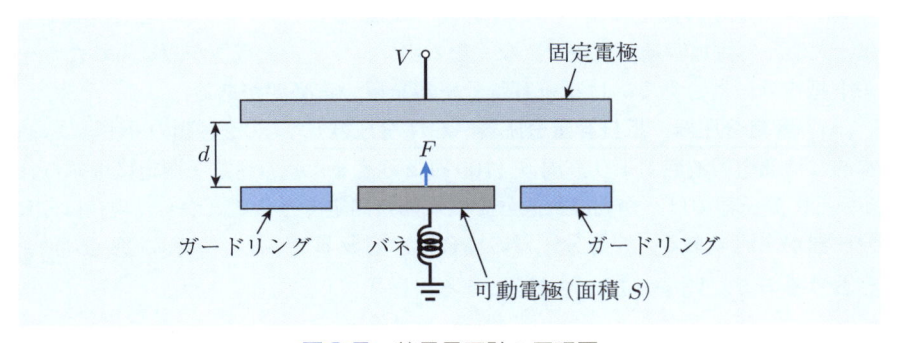

図9.7 静電電圧計の原理図

もし，可動電極部の移動する距離が $F$ の平方根に比例するようにすると，電圧値は平等目盛で読むことができる．静電電圧計では，交流および直流の実効値が測定できる．

### 9.2.2 分 圧 器

分圧器（potential divider）を使用する測定法には，インピーダンス素子に抵抗を用いた抵抗分圧器，キャパシタを用いた容量分圧器，抵抗とキャパシタを組み合わせて用いた抵抗容量分圧器がある．図9.8 に，分圧器を使用した測定原理図を示す．高電圧 $V_0$ の端子から，2つのインピーダンス $Z_1$, $Z_2$ ($Z_1 \gg Z_2$) を直列に接続し，$Z_2$ に並列に電圧計を入れ，測定しやすい低い電圧 $V$ を測定する．この場合，電圧計の内部インピーダンスが $Z_1$ に比べて十分大きいものを用いる．ここで，高電圧 $V_0$ は次式で与えられる．

$$V_0 = \left(1 + \frac{Z_1}{Z_2}\right) V \tag{9.3}$$

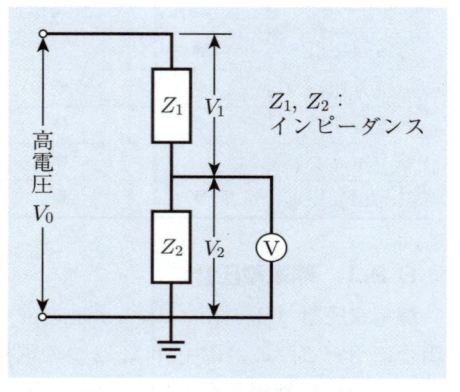

**図9.8** 分圧器の測定原理図

(a) **抵抗分圧器** 抵抗分圧器は，図9.8 で $Z_1 = R_1$, $Z_2 = R_2$ であるので，$V_0 = \left(1 + \frac{R_1}{R_2}\right) V$ となる．この分圧器は，交流（実効値，波高値），直流およびインパルス電圧の測定に用いられる．高い交流電圧やインパルス電圧の測定では，大地との対地容量が無視できなくなるので，シールド電極が設けられたシールド抵抗分圧器，あるいは抵抗容量分圧器を用いる必要がある．

(b) **容量分圧器，抵抗容量分圧器（CR 分圧器）** この2種類の分圧器は，基本的には商用周波数および高周波（100 kHz 程度まで）の高電圧測定に用いられる．CR 分圧器のほうが周波数成分を広範囲に測定できることから，現在は CR 分圧器が主流である．容量分圧器の場合は，図9.8 で $Z_1 = \frac{1}{j\omega C_1}$, $Z_2 = \frac{1}{j\omega C_2}$ とおけるので，$V_0 = \left(1 + \frac{C_2}{C_1}\right) V$ となる．

### 9.2.3 球ギャップ

球ギャップ (sphere gap) 法では，直径が等しい2つの金属球電極を対向させ，この球電極間のギャップで放電させることで，印加された高電圧を測定する．

図9.9 に，球ギャップの構成図を示す．ギャップ長が球の直径より小さい範囲で，球の直径，ギャップ長，相対空気密度が一定であれば，ギャップ間の最短距離付近の電界はほぼ平等とみなすことができ，球電極を使用して交流（波高値），直流，インパルス電圧を測定することができる．測定する電圧が高くなるほど，直径の大きな球電極を使用する必要がある．球電極の高圧側には，直列保護抵抗を入れて破壊時の電流を制御している．

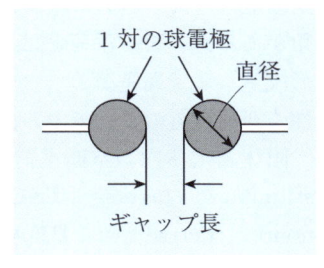

図9.9 球ギャップの構成図

### 9.2.4 計器用変圧器

交流電圧測定用として広く利用されているものとして，巻線型の**計器用変圧器** (potential transformer) がある．通常，この巻線型計器用変圧器は，100 kV 以下の交流電圧の測定に用いられる．

図9.10 に巻線型計器用変圧器の測定原理図を示すが，一般の変圧器の原理と同じである．すなわち，1次側と2次側の巻線の巻数比によって，高電圧 $V_0$ を測定しやすい低い電圧 $V$ に変換している．巻線型計器用変圧器は，交流試験用変圧器と同様に巻数比の大きい高電圧巻線と低電圧巻線から構成された変圧器である．低電圧側巻線に接続する測定器により，実効値，波高値を測定できる．

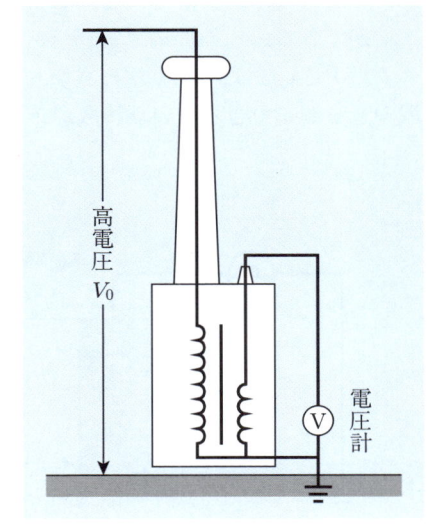

図9.10 巻線型計器用変圧器の測定原理図

## 例題9.1

固体誘電体中に生じる空間電荷の測定法について述べよ．

**【解答】** 固体誘電体に高電界を印加すると，空間電荷が形成されることが多い．空間電荷には，**ヘテロ電荷**（heterocharge）と**ホモ電荷**（homocharge）の2種類がある．ヘテロ電荷とは，電極の極性と異なる極性の空間電荷が電極近傍に形成される空間電荷のことである．一方，ホモ電荷とは，電極の極性と同じ極性の空間電荷のことである．

固体誘電体内の空間電荷の代表的な測定法には，**熱刺激電流法**（thermally stimulated currents：**TSC法**）と**パルス静電応力法**（pulsed electroacoustic nondestructive test：**PEA法**）がある．

- TSC法は，誘電体中の分極電荷や空間電荷に熱刺激を与えることにより，脱分極や解放された空間電荷を外部回路に電流として取り出す方法である．
- PEA法は，図9.11に示すように，空間電荷が形成された固体誘電体にパルス電圧 $v(t)$，すなわちパルス電界を印加し，空間電荷を振動させ，そのとき発生する圧力波（弾性波）$p(t)$ を信号として取り出す方法である．この圧力波は，接地電極側に取り付けた圧力センサーによって検出することができる．

このPEA法は，TSC法と異なり，電圧を印加しながら動的な空間電荷の位置や量を測定できるという特徴がある．

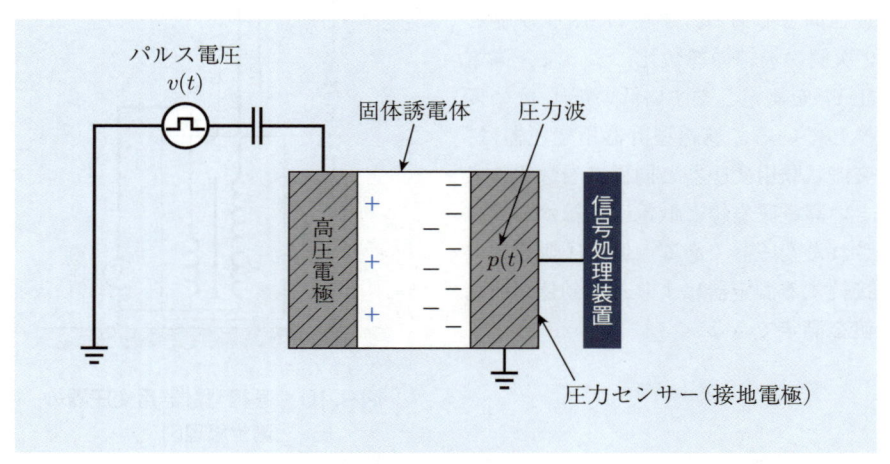

**図9.11** 空間電荷測定のためのパルス静電応力法（**PEA法**）の原理図[3]

## 9章の問題

- **9.1** 試験用変圧器の縦続接続について説明せよ．
- **9.2** 標準波インパルス電圧波形を描き，波形の各部を説明せよ．
- **9.3** 静電電圧計の原理について説明せよ．
- **9.4** 球ギャップ電極法で，高電圧を計測する場合の注意事項について述べよ．
- **9.5** 試験用変圧器について説明せよ．

# 第10章
# 電力用機器・送配電系統における高電界現象

　電力用機器(power apparatus)には，がいし(insulator)，電力ケーブル(power cable)，電力用キャパシタ(power capacitor)，電力用変圧器(power transformer)などに加え，しゃ断器(circuit breaker)，ガス絶縁開閉器(gas insulated switchgear：**GIS**)などの開閉制御機器も含まれる．近年，電力用機器や送配電系統(transmission and distribution system)に関しては，ますます高性能化，コンパクト化，高電界化が進みつつある．
　本章では，代表的な電力用機器と送配電系統に関しての高電界現象を学ぶ．

## 10.1 電力用機器における使用電界の強さと真性破壊の強さの比較

表10.1 に，代表的な電力用機器の使用電界の強さと真性破壊の強さ（常温）を示す．たとえば，使用電界の強さに関しては，OFケーブルでは $11 \sim 17\,\mathrm{MV\cdot m^{-1}}$，CVケーブルでは $7 \sim 11\,\mathrm{MV\cdot m^{-1}}$ となっており，電力用変圧器や回転機ではこれよりもかなり低くなっている．表中には載せていないが，電力用キャパシタの使用電界の強さは $40\,\mathrm{MV\cdot m^{-1}}$ 以上であり，電力用機器では一番大きくなっている．主要機器の使用電界の大きさは

電力用キャパシタ > 電力ケーブル > 電力用変圧器 ≒ ガス絶縁開閉器（GIS）

の順である．

電界比 $\left(=\dfrac{\sqrt{2}\,E_\mathrm{w}}{E_\mathrm{i}}=\dfrac{\text{使用電界の強さ}}{\text{真性破壊の強さ}}\right)$ からみると，気体では大きいが，液体や固体では低くなっている．ただし，機器の構造が単純で準平等電界に近い OF ケーブルや CV ケーブルでは高く，複雑な絶縁構成をしている変圧器や回転機では不平等性のため低くなっている．また，表10.1 の真性破壊の強さ $E_\mathrm{i}$ は常温付近における値であり，この $E_\mathrm{i}$ の値は，温度によっても変化する．たとえば，CV ケーブルに関しては，最大許容温度が 90℃ である．CV ケーブルに誘電体として使用されている架橋ポリエチレンの 90℃ 付近における $E_\mathrm{i}$ は，図7.4 からもわかるように，$100 \sim 200\,\mathrm{MV\cdot m^{-1}}$ 程度と考えられる．したがって，最大使用温度を考慮すると，電界比は約 10% であり，CV ケーブルは，かなりの高電界下で使用されていることになる．

**表10.1** 電力用機器の使用電界の強さと真性破壊の強さ（常温）

| 誘電体 | | 項目 機器 | 系統電圧 [kV$_\mathrm{rms}$] | 使用電界の強さ $E_\mathrm{w}$ [MV$_\mathrm{rms}\cdot$m$^{-1}$] | 真性破壊の強さ $E_\mathrm{i}$ [MV$_\mathrm{peak}\cdot$m$^{-1}$] | 電界比 $\sqrt{2}\,E_\mathrm{w}/E_\mathrm{i}$ [%] |
|---|---|---|---|---|---|---|
| 気体 | 真空 | 真空しゃ断器 | 3.3〜22 | 0.5〜2.0 | 20 | 4〜14 |
| | 空気 | がいし | 275〜500 | 0.06〜0.08 | 3 | 3〜4 |
| | SF$_6$ | ガス絶縁開閉器（GIS） | 70〜500 | 2〜4 | 25 | 11〜22 |
| 固体＋液体（油浸） | | 油入変圧器 | 275〜500 | 1.0〜2.5 | 150 | 0.9〜2.4 |
| | | OFケーブル | 275〜500 | 11〜17 | 220 | 7〜11 |
| 固体 | マイカ | 回転機 | 6.6〜16.5 | 2.0〜2.5 | 1000 | 0.3〜0.4 |
| | エポキシ樹脂 | モールド変圧器 | 6.6〜22 | 0.5〜1.0 | 500 | 0.1〜0.3 |
| | 架橋ポリエチレン | CVケーブル | 275〜500 | 7〜11 | 650 | 1.5〜2.4 |

高電圧下で使用する機器は，一般の機器より絶縁に関して特に注意が払われているものの，実際の機器の誘電体材料に印加される電界の強さは，劣化機構，過電圧，温度変化，構造の複雑さなどを考慮し，真性破壊の強さの $\frac{1}{10} \sim \frac{1}{100}$ に抑えられている．

表10.2に，電力用機器に使用される誘電体の基礎物性値を示す．表より，**誘電正接**（dielectric loss tangent）は，架橋ポリエチレンや絶縁油（鉱油）では小さく，磁器や充填剤入りエポキシ樹脂で大きいことがわかる．また，比誘電率と抵抗率は負の相関があること，すなわち，比誘電率が大きい誘電体ほど抵抗率が小さい傾向にあることもわかる．なお，誘電正接は**誘電損**（dielectric loss）の大きさを表す量であり，$\tan \delta$（タンデルタ）とも呼ばれる．誘電損とは，固体または液体の誘電体に交流電圧を印加すると，分極が繰り返されることにより，電力損失が発生することをいう．

表10.2 主要誘電体の基礎物性値[3]

| 誘電体 | 項目 | 比誘電率 | 誘電正接 ($\times 10^{-4}$) | 抵抗率 ($\Omega \cdot m$) |
|---|---|---|---|---|
| 気体 | 真空 | 1.0 | — | — |
| | SF$_6$ | 1.0 | — | — |
| 液体 | 絶縁油（鉱油） | 2.2 | 10 | $7.6 \times 10^{13}$ |
| 固体+液体 | クラフト紙（油浸） | 3.5 | — | — |
| | プレスボード（油浸） | 4.4 | — | — |
| 固体 | 磁器 | 5.0〜6.5 | 170〜250 | $10^{11} \sim 10^{12}$ |
| | マイカ | 6〜8 | 50 | $10^{12} \sim 10^{13}$ |
| | エポキシ樹脂（アルミナ充填） | 5.9〜6.2 | 20〜50 | $10^{14}$ |
| | エポキシ樹脂（シリカ充填） | 3.8〜4.6 | 30〜200 | $10^{14}$ |
| | 架橋ポリエチレン | 2.2〜2.6 | 2〜10 | $> 10^{14}$ |

## 10.2 真空しゃ断器

しゃ断器は，変電機器や送電線の事故時の高電圧大電流をしゃ断するための機器である．電気回路や電力系統を流れている大電流を強制的に切り離す場合，電流が流れ続けようとするため，電極が切り離されたとしても，電極から電子が放出され続ける．この電子の流れが**アーク**（arc）であり，光と熱を発生する．このアークを素早く冷却し，導電性を断つことでアークを消弧（アークを吹き消すこと）させるのがしゃ断の仕組みである．このアークを消弧させるために，絶縁油，圧縮 $SF_6$ ガス，真空などが用いられ，それぞれ**油入しゃ断器**（oil-filled circuit breaker：**OCB**），**ガスしゃ断器**（gas ciucuit breaker：**GCB**），**真空しゃ断器**（vacuum circuit breaker：**VCB**）といわれている．現在，高圧変電設備では真空しゃ断器が，特別高圧変電設備ではガスしゃ断器が最も広く使用されている．

図10.1 に，真空しゃ断器の構造を示す．このしゃ断器は，$10^{-2}$ Pa 以下の真空中でのしゃ断現象を利用するもので，高速しゃ断が特徴である．$10^{-2}$ Pa 以下の真空の絶縁破壊の強さは，大気圧の空気の数倍であり，また絶縁油よりも高くなっている．

真空しゃ断器は，真空容器中の可動電極，固定電極から構成され，可動電極をバネなどの駆動機構で動かす．電極間で通電中に可動電極を開くと，アーク

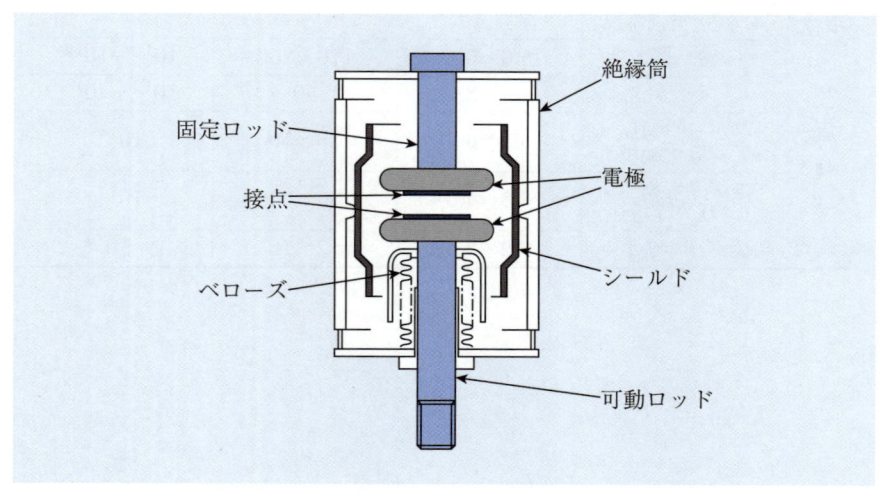

図 10.1　真空しゃ断器の構造 [5]

により，電極から放出された金属蒸気は周囲の高真空と大きな密度の差があるため，イオンや電子は周囲に急速に拡散する．その結果，電流零点でもとの高真空状態が回復し，電流がしゃ断される．真空容器内のシールド端部には，電界が集中しやすいので，できるだけ電界分布を緩和し絶縁性能を向上させる必要がある．

図10.2に，高真空，空気，$SF_6$ ガス，絶縁油の絶縁破壊電圧の比較を示す．

図10.2から，空気や $SF_6$ ガスの気体の絶縁破壊電圧は，ギャップ長に比例して増加するのに対して，高真空や絶縁油ではギャップ長が大きくなると飽和する傾向にあることがわかる．高真空においては，ギャップ長が短いときの絶縁破壊電圧は高いが，ギャップ長が大きくなると数気圧の $SF_6$ ガスとは逆転することもわかる．

一般に，絶縁破壊電圧とギャップ長の関係は，電極の材料，形状，印加電圧波形などに依存する．高真空の優れた絶縁性を実現するためには，電極表面の微小突起，吸着ガス，水分，ちりなどをできるだけ除去する必要がある．すなわち，高真空の絶縁性を高めるためには，電極表面を清浄にすることによって，電極からの電子やイオンの放出をできるだけ防ぐことが重要である．

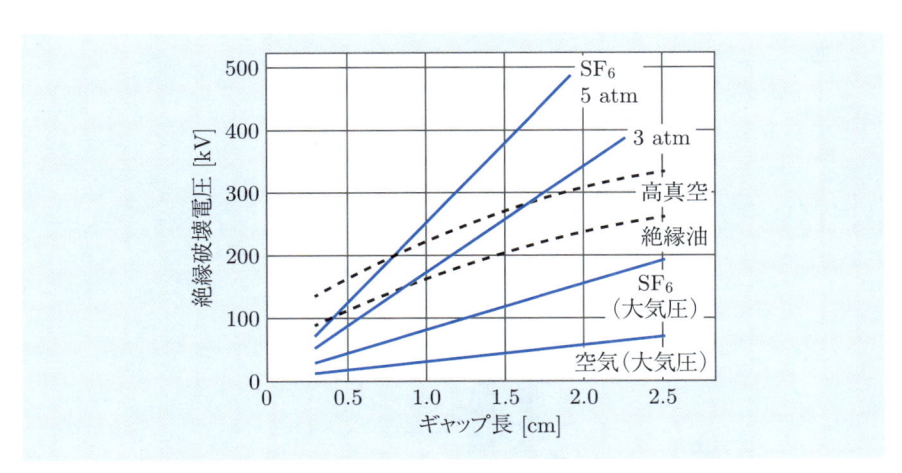

図10.2 高真空，空気，$SF_6$ ガス，絶縁油の絶縁破壊電圧の比較（平等電界，交流波高値）[5]

## 10.3 がいし

がいしは，送配電線などを支持物に固定し，大地および異相からの絶縁性を有効に保つ機器である．このがいしには，無機材料の**磁器がいし**（ceramic insulator）が用いられる．この磁器がいしの特色は，良好な電気絶縁性，優れた耐候性，耐熱性の他，耐水性，耐化学薬品性などを備えていることである．磁器がいしの種類としては，懸垂がいし（suspension insulator），ピンがいし，長幹がいしなどがあるが，送電用がいしとしては懸垂がいしがよく用いられている．

図 10.3 に，懸垂がいし（クレビス型）の構造を示す．硬質磁器を鋼製のキャップと下部のピン（埋め込み金属）で挟みセメントで接着した構造である．がいしの連結方法には，クレビス型とボールソケット型がある．

がいしは，使用電圧の大きさによって，いくつか連結して使用する．たとえば，275 kV では 16～18 個程度のがいしを連結する．がいしに求められる主な特性としては

- 雷や内部の開閉操作などに伴う**過電圧**（overvoltage）に対して，十分な絶縁破壊の強さを持つこと
- 雨や塩害などによるもれ電流を防止しフラッシオーバしない十分な距離があること
- 十分な機械的強度があること

などである．

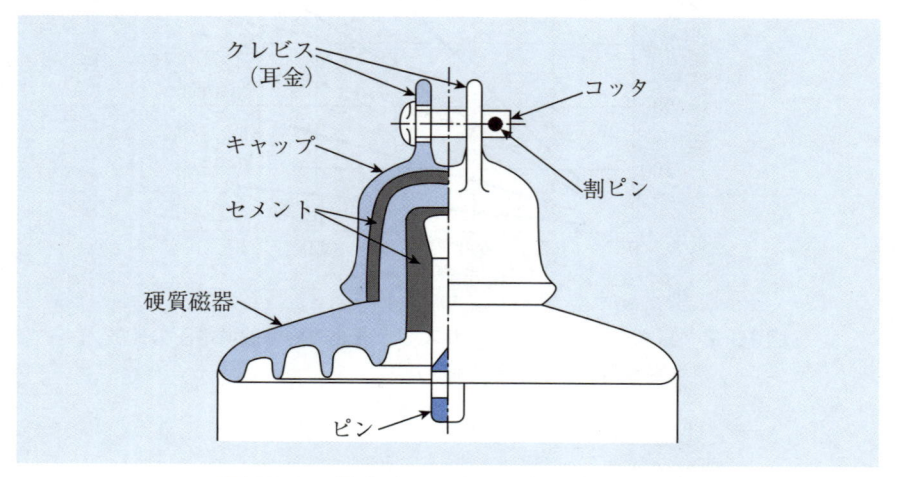

図 10.3 懸垂がいし（クレビス型）の構造

1960年代後半から，海外で架空送電線路用の**ポリマーがいし**（polymeric insulator）が出現し，その後，わが国でもこのポリマーがいしは，一部配電線路用や電車線路用のがいしとして使用され始めている．図10.4 に，ポリマーがいしの構造の一例を示す．コア材料に強化プラスチック（FRP）を，カバー材料にシリコーンゴムを用いたものである．磁器がいしに比較して，ポリマーがいしは軽量，加工性が良好，優れた表面はっ水性などの特徴があるものの，トラッキングやエロージョンなどによるポリマーの劣化現象に関しては十分解明されていない．

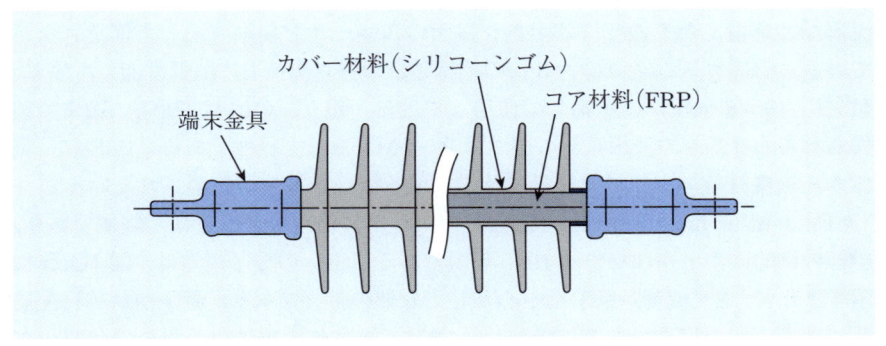

図10.4　ポリマーがいしの構造[8]

## 10.4　ガス絶縁開閉器

　用地の入手難，土地価格の高騰により，大気の絶縁に依存している従来の気中絶縁変電所に代って，1960年代後半に，$SF_6$ ガスを使用する**ガス絶縁開閉器**（**GIS**）が開発された．この GIS は，コンパクト化された変電設備であり，外部が完全に接地金属でおおわれ，高電圧部が外気にさらされないため，信頼性および安全性が高い設備である．

　GIS は，変圧器や大型回転機を除いた開閉装置（しゃ断器，断路器，接地装置）および母線を主体とし，さらに，これに避雷器，計器用変圧器，計器用変流器などを備えたもので，エポキシ樹脂のスペーサを使い収納した構造になっている．$SF_6$ ガスは空気の約3倍の絶縁破壊の強さを持ち，消弧性能にも優れ，数気圧（4～6気圧）に圧縮して使用している．現在，GIS は 500 kV 級まで製作されており，その使用電界の強さは $2～4 MV\cdot m^{-1}$ 程度である．GIS には気体から無機材料・ポリマー材料に及ぶ多種多様の誘電体が使用されている．

　$SF_6$（sulfur hexafluoride）ガスは，1900年に初めて合成された気体であり，絶縁の目的に使用されたのは1940年頃である．$SF_6$ の分子構造は，図 10.5 に示すように，S（硫黄）原子を中心として6個のF（フッ素）原子が対称に配置した正八面体の構造である．$SF_6$ は，空気の約5倍の重さで，無色，無臭の不活性な気体である．現在，$SF_6$ ガスは $CO_2$ やフロンと同じ地球温暖化ガスに指定されており，$SF_6$ ガスに代わる新しい合成ガスの研究が進められている．

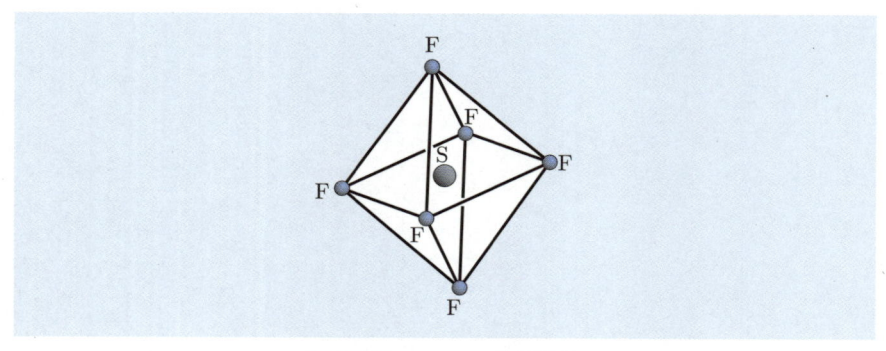

図 10.5　$SF_6$ の分子構造

# 10.5 電力ケーブル

電力を送る場合には，地上では裸線の架空送電線が，地下や海底では電線を誘電体で被覆した電力ケーブルが用いられている．現在，わが国で広く用いられている代表的な高電圧電力ケーブルは，**OF ケーブル**（oil-filled cable，油浸絶縁ケーブル）と **CV ケーブル**（cross-linked polyethylene insulated vinyl sheathed cable，架橋ポリエチレン絶縁ビニルシースケーブル）である．

### 10.5.1 OF ケーブル

OF ケーブルにおいては，**油浸絶縁**が主である．油と絶縁紙（クラフト紙）の複合誘電体である油浸紙は，絶縁紙の繊維の間に絶縁油を浸み込ませることにより，絶縁紙自身が持つ欠点，すなわち繊維のすき間や吸湿性を絶縁油によって改善している．さらに，油浸紙は，油自身が持つ欠点，すなわち不純物による電極間の橋絡や気泡の成長などを絶縁紙（バリア）でさえぎるようにして，全体としての絶縁性能を向上させる機能を持っている．

OF ケーブルの構造の一例を図 10.6 に示す．図は，単心（各相が独立）の場合であるが，3 心（3 相一括構造）で用いる場合もある．OF ケーブルは，ケーブル内に絶縁油の中空の通路を設け，ケーブルの両端に油圧調整装置を設置し，粘度の低い絶縁油を長さ方向に流通すると同時に，導体の間を通り半径方向にも浸透できる構造になっている．OF ケーブルでは，内部の油圧は常時大気圧以上（6〜8 気圧）に保たれ，絶縁紙内のボイドは油で満たされるため，部

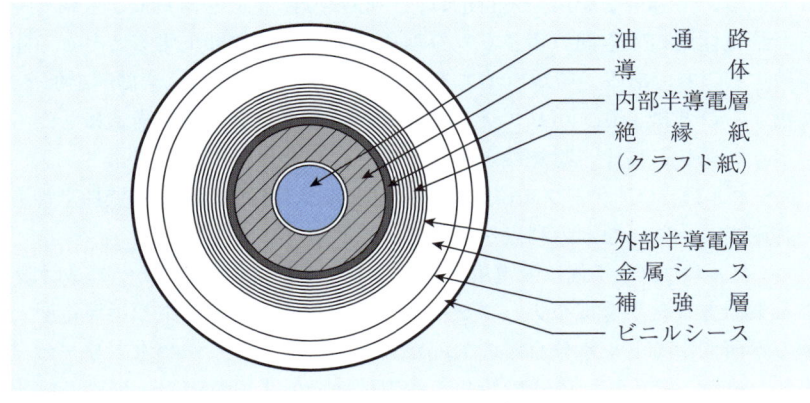

図 10.6　**OF** ケーブルの構造

分放電が起きにくい．このため，OF ケーブルは安定した絶縁性能を有している．OF ケーブルの高電圧化，大容量化には，誘電損と静電容量を低下させることが重要である．これを実現するために，従来のクラフト紙に替えてポリプロピレンフィルム（polypropylene film）を 2 枚のクラフト紙ではさんで 1 枚の紙にした半合成紙である **PPLP**（polypropylene laminated paper）が開発された．さらに，絶縁油として鉱油に替えて合成油が採用されたことで，OF ケーブルの絶縁性能が向上した．PPLP を用いた OF ケーブルは，すでに 500 kV 級のものが実現している．

OF ケーブルの使用電界の強さは，油浸絶縁を用いた油入変圧器よりも高く，275 kV 級で 11 MV·m$^{-1}$，500 kV 級で 17 MV·m$^{-1}$ 程度となっている．超高圧以上のケーブルでは，絶縁性能を向上させるため，導体に近い部分は薄い絶縁紙を，外側ほど厚い絶縁紙を用い，一種の段絶縁（第 8 章 8.3 節参照）を施している．

### 10.5.2　CV ケーブル

**CV** ケーブルは，絶縁体として固体誘電体である**架橋ポリエチレン**（cross-linked polyethylene）を用いたもので，絶縁油を使用しないために防災性に優れている．

図 10.7 に，**単心型**および**単心 3 心より合せ型**（トリプレックス）の CV ケーブルの構造を示す．内部および外部の**半導電層**（semi-conducting layer）の材質は，当初は半導電布テープが用いられていたが，最近では押出し半導電層が用いられている．半導電層を用いる目的は，中心の導体と誘電体および金属しゃへい層と誘電体間のすき間（ボイド）を埋め，部分放電を抑止することと，電界を緩和することである．架橋ポリエチレンは，ポリエチレンに架橋剤を加え，化学架橋することにより，ポリエチレンの分子鎖をネットワーク構造にしたもので，ポリエチレンに比べ耐熱性が優れている．

CV ケーブルは，OF ケーブルに比べ，給油設備が不要なため軽量で加工性もよく，誘電損が小さいなどの利点がある．

CV ケーブルは 1960 年代に配電用ケーブルとして実用化されたが，当初水蒸気による架橋方式や半導電布テープを用いていたため，誘電体中や半導電層と誘電体の界面にボイドや水分などの欠陥が存在し，電気トリーや水トリーの発生原因となった．その後，乾式架橋化，誘電体と内外半導電層の 3 層同時押出し，しゃ水層の採用などの対策が取られた．その結果，電気トリーや水トリーの

(a) 単心型

(b) 単心 3 心より合せ型
（トリプレックス）

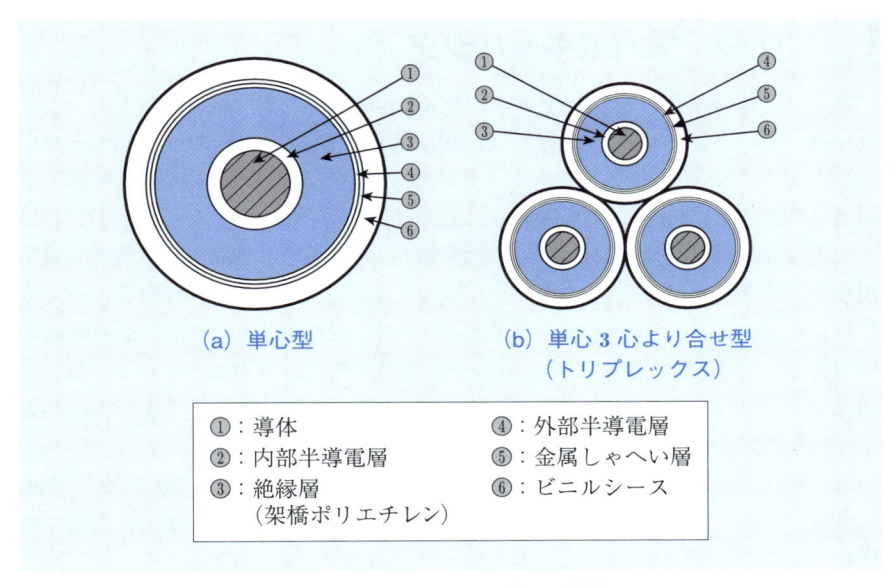

① : 導体
② : 内部半導電層
③ : 絶縁層
　　（架橋ポリエチレン）
④ : 外部半導電層
⑤ : 金属しゃへい層
⑥ : ビニルシース

図 10.7　CV ケーブルの構造

発生が抑えられ，現在では 500 kV 級ケーブルまでの高電圧化が進み，誘電体に掛かる電界の強さは増大し，厳しい条件で使用されている．たとえば，275 kV 級ではその使用電界の強さは $7\,\mathrm{MV\cdot m^{-1}}$，500 kV 級では $11\,\mathrm{MV\cdot m^{-1}}$ 程度となっている．

## 10.6 電力用キャパシタ

電荷を蓄える装置・素子を**キャパシタ**（capacitor），または**コンデンサ**（condenser）という．ただし，最近では，国際的な呼び名であるキャパシタを用いることが多くなっており，本テキストにおいても，電荷を蓄える装置・素子の用語としては，キャパシタを用いることにする．

電力用キャパシタは，電力系統の受電端に並列に接続し，主に力率改善や電圧調整などに用いられる．電力用キャパシタの容器としては，小容量用のかん型と大容量用のタンク型がある．電力用キャパシタは OF ケーブルの**油浸絶縁**の技術にもとづき，油浸紙キャパシタとして開発された．電力用キャパシタは，絶縁紙やプラスチックフィルムをアルミニウムはくとともに巻き回した誘電体素子を絶縁油の入った容器に入れ，完全密封構造としたものである．

電力用キャパシタでは，絶縁紙やプラスチックフィルムが主要な固体誘電体である．この主要誘電体に求められる性能としては，誘電損が小さく，耐電圧特性の良いものが望まれる．電力用キャパシタは極めて広い絶縁面積を有し，その使用電界も極めて高いため，絶縁紙，またはプラスチックフィルムを3～6枚重ねて使用する．絶縁紙，またはプラスチックフィルムとアルミニウムはく電極を交互に重ねて平型または円筒型に巻き上げ，両電極に引出しリード線を取り付けてキャパシタ素子とする．**図10.8**に，キャパシタ素子の構造を示す．

電力用キャパシタは，歴史的にみると，絶縁紙（天然繊維）の品質改良により性能と品質の向上が図られてきたが，その性能改善には限界があった．このため，耐電圧特性に優れ，誘電損が極めて低いプラスチックフィルムを用いた電力用キャパシタの開発が進められた．その結果，絶縁紙とプラスチックフィル

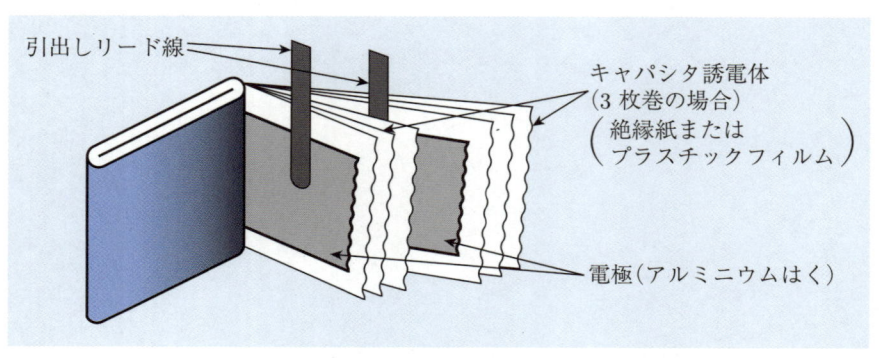

図 10.8　キャパシタ素子の構造[5]

## 10.6 電力用キャパシタ

ムを併用した紙・フィルムキャパシタが開発され，その後，**オールプラスチックフィルムキャパシタ**（all film capacitor）が実用化された．現在主流となっているのは，ポリプロピレン使用のオールプラスチックフィルムキャパシタである．

キャパシタの電極端では電界が集中しやすく，絶縁層が厚くなるにつれて，電極はく端部で部分放電が開始し破壊に至ることが多くなる．このため，電極はく端部の構造的な改善によって電界を緩和させる端部折り曲げ方策が取られた．**図10.9**に，電極端部折り曲げはくの構造を示す．この電極端部折り曲げはくの採用により，はく端部の電界集中を緩和することができ，部分放電開始電圧が大幅に上昇した．

1980年代に，高圧タンク型キャパシタに，金属化フィルムを用いた**セルフヒーリング**（self-healing：**SH**）絶縁方式が採用された．この金属化フィルムは，プラスチックフィルムの表面に数十 nm の非常に薄い金属を真空蒸着して電極とした誘電体であり，一部が絶縁破壊しても破壊点付近の微小面積の蒸着金属が飛散し，瞬時に絶縁が回復する機能を持っている．SH 絶縁方式は，電極はくが非常に薄く抵抗が大きいため，設計電界が高く取れるという特長があり，電力用キャパシタのコンパクト化に大きく寄与した．

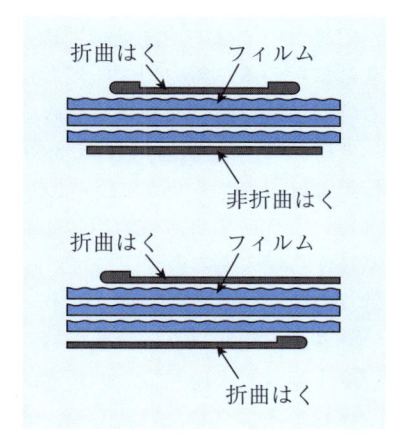

**図10.9** 電極端部折り曲げはくの構造 [4]

油浸紙キャパシタが開発された当初，絶縁油として鉱油が採用された．鉱油は可燃性で誘電率が低い欠点があり，これを改善するためにポリ塩化ビフェニル（PCB）油が開発された．しかし，環境汚染物質として規制されたため，1972年に使用が禁止された．その後，PCB 油の代替油として種々の合成油が開発され，現在，主に芳香族炭化水素系（アルキルナフタレンなど）の合成油が使用されている．合成油の一種である**シリコーン油**（silicone oil）は，耐熱性などが優れているものの，高価であるため，特殊な用途に使用されている．

電力用キャパシタは OF ケーブルと同様に油含浸型の油浸絶縁構造であるので，油ギャップ（油層部分）が小さく電圧のほとんどが固体誘電体に掛かるようになっている．電力用キャパシタに関しては，使用電界は大きく，$40\,\mathrm{MV\cdot m^{-1}}$ 以上である．

## 10.7 電力用変圧器

電力用変圧器は，構造上大別して内鉄型と外鉄型とに分類できる．電力用変圧器においては，油浸絶縁構造の油入変圧器が主役であり，通常，油を絶縁と冷却に用いる．電力用変圧器では油ギャップが大きく，この油ギャップにおける絶縁破壊を防ぐために多くの固体誘電体のバリアが用いられている．

変圧器の内部構造は複雑であり，不平等電界になることが避けられないため，使用電界の強さを低めに設定し，フラッシオーバを防ぐとともに，部分放電が起きないようにする．電力用変圧器は，試験用変圧器と異なり，接続されている系統から侵入する過電圧に対する対策が必要である．図 10.10 に，電力用変圧器（内鉄型）の絶縁構成を示す．絶縁構成は，次のような各部分に分けられる．

ⓐ 巻線内絶縁（ターン間絶縁，セクション間絶縁）
ⓑ 主絶縁（高圧巻線と低圧巻線間）
ⓒ 対地絶縁（巻線対鉄心間，巻線対タンク間）
ⓓ リード絶縁（高圧リード線とタンク間）
ⓔ 端部絶縁（高圧巻線端部とタンク間）

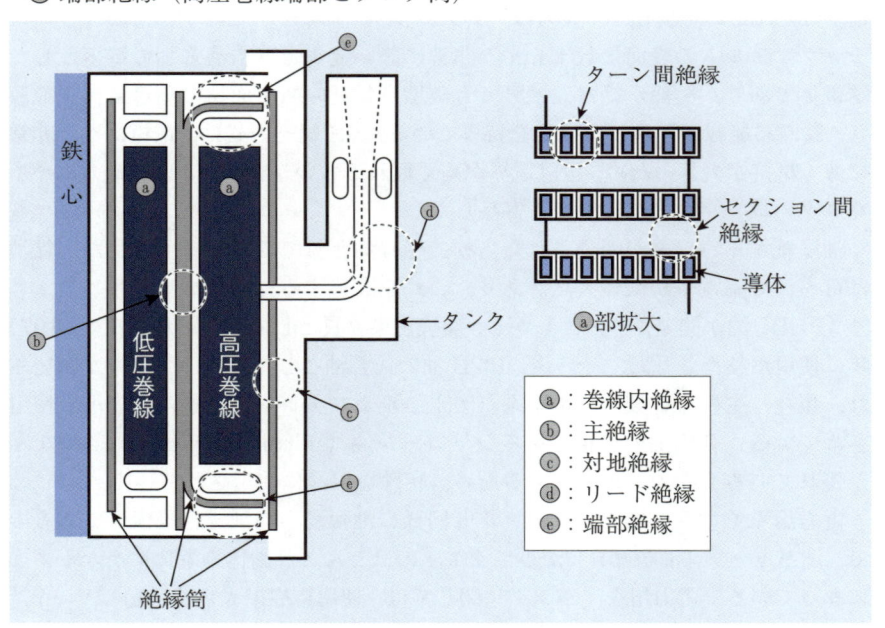

図 10.10　電力用変圧器（内鉄型）の絶縁構成 [1]

## 10.7 電力用変圧器

巻線のターン間絶縁や高圧リード線には絶縁紙が用いられ，高圧巻線と低圧巻線間，巻線と鉄心，タンク間はプレスボードの絶縁筒がバリアとして使用される．バリアは，耐電圧特性の向上と油中不純物の電極間橋絡による絶縁破壊の防止の役目を持っている．バリアの沿面放電を防ぐには，バリアを等電位面に沿って配置し，電界がバリアに垂直に加わる状態が望ましい．複雑な形状のプレスボードの開発によって，巻線の端部でもこのような配置が可能になっている．絶縁上厳しいのは巻線の端部であるが，この部分に静電シールドを配置して電界を緩和するとともに，巻線内の電位分布の改善がはかられている．

電力用変圧器では，油ギャップが大きく，電圧のほとんどがこの油ギャップにかかるため，使用電界は，電力用キャパシタや電力ケーブルと比較して低く，$3\,\mathrm{MV\cdot m^{-1}}$ 程度となる．

電力用変圧器を冷却方式から分類すると，油入変圧器と**乾式変圧器**（dry-type transformer）に分類される．乾式変圧器には，**$SF_6$ ガス絶縁変圧器**（$SF_6$ gas insulated transformer）や**モールド変圧器**（molded transformer）がある．高圧タンク中に加圧した $SF_6$ ガスを充填し，この中に変圧器の中身を収納したものが $SF_6$ ガス絶縁変圧器である．$SF_6$ ガス絶縁変圧器は消火設備が不要なことや不燃性であることの理由から，都市部の地下変電所を中心にして $275\,\mathrm{kV}$ 級まで用いられている．巻線が露出している変圧器では，じんあいが付着したり，長期間運転しないで放置しておくと湿気を吸収したりすることがある．このようなことを防ぐため，高低圧巻線をエポキシ樹脂などで一体化して固めたものがモールド変圧器である．このモールド変圧器は，小型軽量化に加え，信頼性向上の面から，ビル用電源などの屋内用途を主体とした配電分野に広く使われている．

## 10.8 回　転　機

　回転機（rotary machine）は**回転子巻線**と**電機子巻線**（固定子巻線）から構成されている．回転子巻線は低圧であるため，絶縁上，特に問題になるのは電機子巻線である．電機子巻線は鉄心のスロットに挿入される．電機子巻線の主絶縁は，**マイカ**（mica）を用いた絶縁方式が一般的である．

　図 10.11 は，電機子巻線の断面を示したものであり，1 導体あたり 8 本の素線よりなる 4 ターン巻線の例である．素線絶縁にはガラス繊維やポリエステル樹脂などの耐熱性の良いものが用いられる．ターン絶縁と主絶縁（対地絶縁）には，電圧の大きさに応じて重ね巻きした**マイカテープ**（mica tape）が用いられている．マイカは，部分放電による劣化が少なく，耐電圧特性に優れているため，古くから高電圧電機子巻線に使われており，現在でも継続して使用されている．マイカは比較的豊富な天然資源であり，電気絶縁用としては現在，従来のはがしマイカに代わり集成マイカ（マイカテープ）が使用されている．

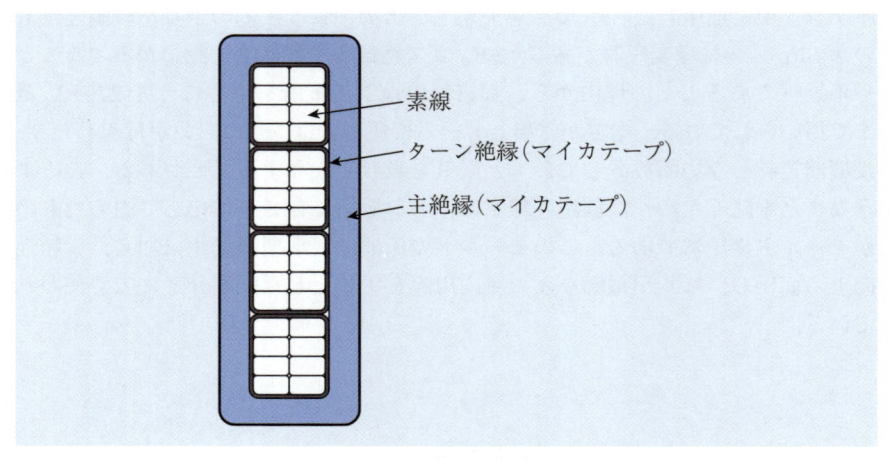

図 10.11　電機子巻線の断面

## 10.9 架空送電線

　高電圧で長距離用の送電線のほとんどは気中絶縁で，**架空送電線**（overhead transmission line）と呼ばれる．交流送電では 3 相の電圧を送る必要があり，同じルートで 3 相を 2 回路分送る 2 回線送電線が普通である．**図 10.12** に示すように，アースされている鉄塔の両側にがいしを介して 3 相の電線を縦に配置する．通常の送電線では，その頂部に導線（鉄塔を通してアースされている）を 1〜2 本張り，雷撃から電力線をしゃへいする方式が採用されている．この導線を**架空地線**（overhead ground wire）と呼ぶ．落雷が送電線の電力線に直撃する現象を**雷しゃへい失敗**（shielding failure for lightning）という．

図 10.12　架空送電線（3 相 2 回線）

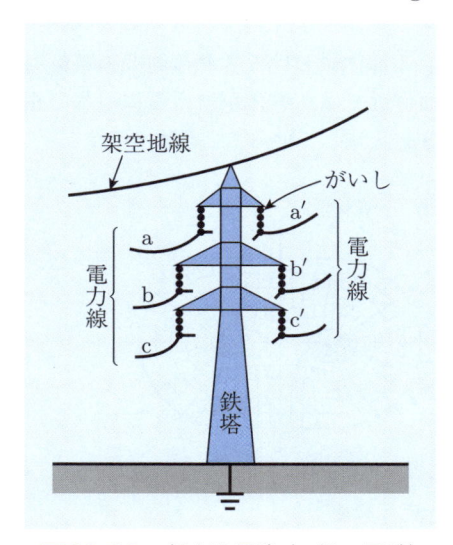

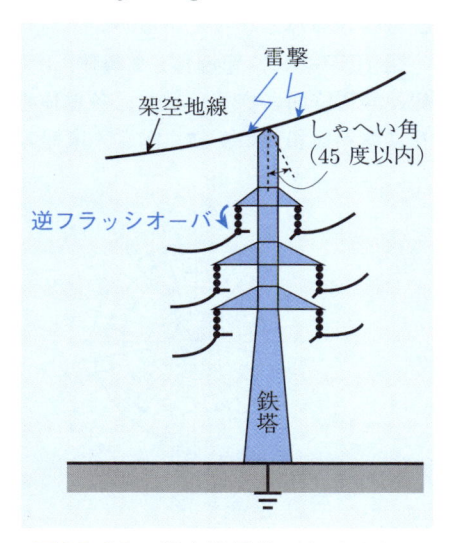

図 10.13　架空送電線におけるしゃへい角と逆フラッシオーバ

　**図 10.13** に，架空送電線におけるしゃへい角（shielding angle）と**逆フラッシオーバ**（back flashover）を示す．雷しゃへい失敗を防止するためには，架空地線と電力線とを結ぶ線と架空地線からの鉛直線とのなす角を小さくすればよい．この角をしゃへい角といい，通常 45 度以内にしてある．

　鉄塔あるいは架空地線に落雷した場合，雷電流が架空地線から鉄塔を経て大地に流れると鉄塔の電位が上昇し，鉄塔と電力線の間に電位差を生じる．この雷電流による電位差が非常に大きく，がいしの絶縁破壊電圧を超えると，がいし

の表面にフラッシオーバが発生する．これを逆フラッシオーバという．この逆フラッシオーバが起こると電力線に過電圧が発生し，この過電圧が発電所，変電所などに入り，機器の絶縁を破壊する可能性がある．

送電電圧が高くなると電線表面の電界が高くなり，約 $3\,\mathrm{MV\cdot m^{-1}}$（波高値）に達すると電線表面でコロナ放電が起こる．超高圧送電線以上の架空送電線においては，電力線の各相を複数の電線で構成した**多導体方式**（multiple conductor type）が広く採用されている．この多導体方式は，電線の等価的な直径を大きくして電線の周りの電界の強さを下げて，コロナ放電を抑えるばかりではなく，送電線のインダクタンスを低減する効果もある．1相当たりの多導体の数は，154 kV 系統では 2 導体，275 kV 系統では 4 導体，500 kV 系統では 6 導体，1000 kV 系統では 8 導体となっている．

図 10.14 に，単導体，2 導体，3 導体，4 導体における多導体周囲の電気力線と等電位面の様子を示す．各導体の表面付近では，導体が増えるにつれて相互に電界緩和効果が強く働き，電界の強さを低減していることがわかる．

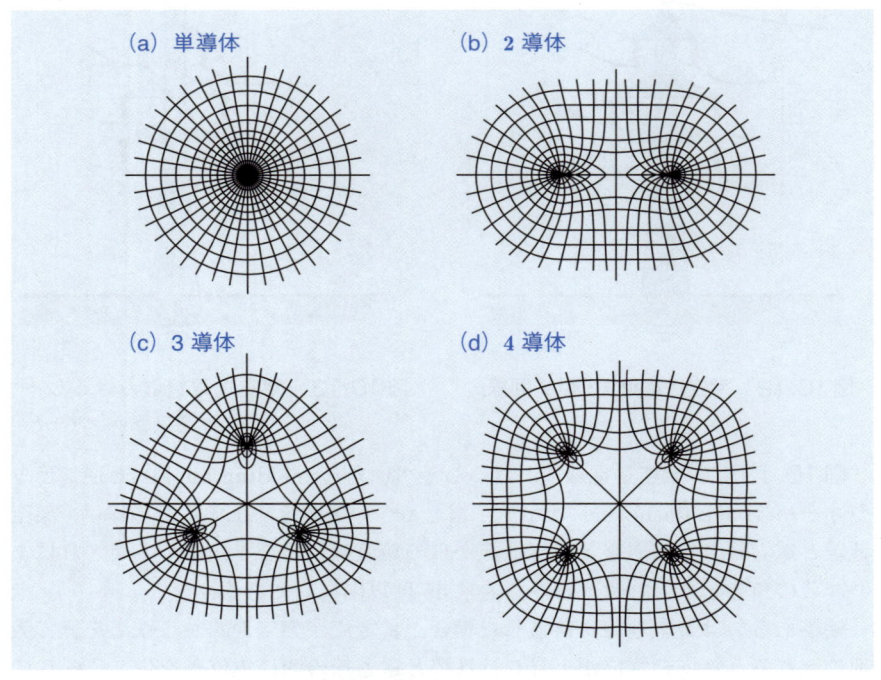

**図 10.14　多導体周囲の電界（等電位面計測例）**[7]

## 例題 10.1

送電線における**コロナ損**（corona loss）について説明せよ．

**【解答】** 実用送電線においては，導体表面の電界の強さが約 $1.8\,\mathrm{MV\cdot m^{-1}}$ 以下になるように設計されており，通常はコロナ放電が発生しない．しかし，電線に突起があったり，雨滴が付着したりするとその部分の電界がコロナ開始電界の強さを超え，コロナ放電が発生する．送電線からコロナが出ると，その部分にコロナ電流が流れ，このコロナ電流による電力損失が生ずる．これをコロナ損という．このコロナ損と印加電圧の関係は，古くから実験的に求められており，交流コロナ損 $W$ について次のような実験式が提案されている．

$$W = K(f+25)(V-V_\mathrm{c})^2$$

ここで，$K$ は導線の半径および線間距離などによって決まる定数，$f$ は周波数，$V$ は線間電圧，$V_\mathrm{c}$ はコロナ開始電圧である．この式は**コロナ損に関する 2 乗法則**とも呼ばれ，広く利用されている．

送電線からコロナ放電が発生すると，電力損失以外に，**コロナ雑音**（corona noise）や**コロナ騒音**（audible corona noise）の**コロナ障害**（corona interference）が生じる．コロナ雑音はパルス電流による電磁波であり，電波障害を生じる．また，コロナ騒音はコロナ放電から直接空間に放射されるオーディブル雑音（可聴音）である．

## 10.10 避雷器

避雷器 (lightning arrester, surge arrester) は，電力系統に侵入する雷による**雷サージ** (lightning surge)，あるいはしゃ断器の開閉に伴って発生する**開閉サージ** (switching surge) などの過電圧から電力用機器を保護するための装置である．避雷器は，過電圧の抑制，続流（過電圧で動作した後に流れる交流電流）の遮断，元の状態への自動復帰（自復性）の機能を持つ装置であり，このため非線形抵抗を持つ特性要素が必要である．

図 10.15 に，避雷器の原理を示す．避雷器は，変電所や送配電線路において，高電圧導体と大地間に接続され，過電圧が加わると特性要素を介して大地に放電電流を流し，続流をしゃ断し，線路の対地電圧を制限電圧にする機能を持っている．過電圧を除去した後，特性要素は元の状態に復帰する．

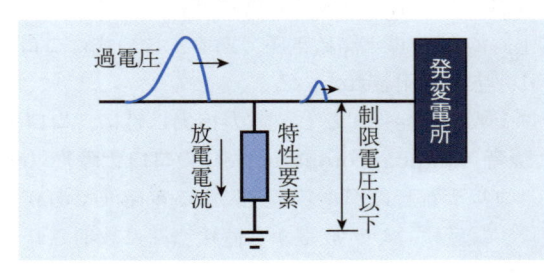

**図 10.15** 避雷器の原理

特性要素は，**酸化亜鉛** (zinc oxide : **ZnO**) が主成分で，優れた非線形抵抗体である．ZnO 素子の構造は，図 10.16 に示すように，ZnO 微結晶（大きさ約 $10\,\mu m$）と微結晶間の粒界層（約 $1\,\mu m$）から構成されている．この薄い粒界層には，半導体の pn 接合部と同じようなエネルギー障壁が形成されている．ZnO 微結晶の抵抗率は，$10^{-2} \sim 10^{-1}\,\Omega\cdot m$ と比較的小さいが，粒界層は，$10^{10} \sim 10^{11}\,\Omega\cdot m$ と高い抵抗率を持っている．これに過電圧が印加されると，このエネルギー障壁が変化し電流が流れ，非線形特性を示す．避雷器としての理想的な電圧–電流特性は，電流の値に関わらず，電圧（制限電圧）が一定に保たれることである．

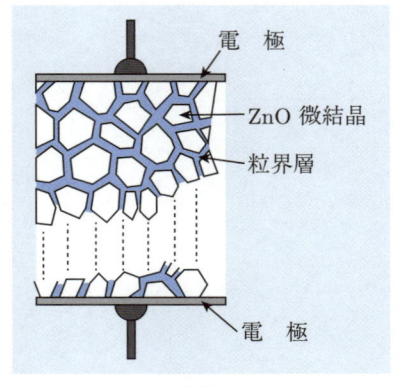

**図 10.16** 酸化亜鉛（**ZnO**）素子の構造 [13]

## 10章の問題

- **10.1** 真空しゃ断器のしゃ断原理を述べよ．

- **10.2** 連結する懸垂がいしの数は，どのようなことを考慮して決められるか．

- **10.3** 大気絶縁の変電所に比べ，GIS 装置の利点を述べよ．

- **10.4** CV ケーブルの特長を述べよ．また，CV ケーブルでは，トリーイング劣化を防ぐために構造上どのような方策がとられているか．

- **10.5** 送電線からコロナ放電が発生すると，どのような障害が生じるか述べよ．

# 第11章
## 電子デバイス・電子機器における高電界現象

　半導体のpn接合部には，空間電荷層が形成される．この空間電荷層による高電界を利用したダイオードとしてツェナーダイオード（Zener diode）がある．**金属—酸化物—半導体電界効果トランジスタ**（metal oxide semiconductor field effect transistor：**MOSFET**）は，ゲート酸化膜の絶縁破壊の限界に近いかなりの高電界で動作している．**電気二重層キャパシタ**（electric double layer capacitor）は，固体と液体の界面に形成される**電気二重層**（electric double layer）の原理を応用した装置であり，誘電体の分極現象を利用した通常のキャパシタとは電荷貯蔵システムがまったく異なっている．高電界を利用した装置としては，他にディスプレイがある．

　本章では，電子デバイス・電子機器の中でも特に，高電界を利用した代表的な電子デバイス・電子機器であるツェナーダイオード，MOSFET，電気二重層キャパシタ，エレクトロルミネセンスディスプレイ（electroluminescent display：**ELD**）について学ぶ．

## 11.1 電子デバイス・電子機器における使用電界の強さ

表11.1に，電子デバイス・電子機器における使用電界の強さを示す．
- MOSFETでは，ゲート酸化膜の絶縁破壊の強さの限界ぎりぎりのところの電界を使用している．
- 電気二重層キャパシタでは，電気二重層部分に印加される電界の強さは約 $3000\,\mathrm{MV\cdot m^{-1}}$ と見積もられる．

この値は，普通の誘電体を使用したキャパシタでは，もはや絶縁破壊なしには耐えられないほどの高電界である．

**表11.1** 電子デバイス・電子機器における使用電界の強さ

| 電子デバイス | 使用電界の強さ $[\mathrm{MV\cdot m^{-1}}]$ |
| --- | --- |
| ツェナーダイオード | 10〜100 |
| MOSFET | 500〜1200 |
| 電気二重層キャパシタ | 1000〜3000 |
| エレクトロルミネセンスディスプレイ | 50〜200 |

半導体デバイス，特に大規模集積回路（LSI）においては，高集積性，高速性，高信頼性などが要求される．シリコンが半導体デバイスの主役となったのは，二酸化ケイ素（$SiO_2$）の誘電体膜が極めて優れた絶縁性を有することが大きな要因である．現在，MOSFETのゲート酸化膜は，電界的にみると最も厳しい条件で使用されており，さらに薄膜化が進むと，ゲート酸化膜の絶縁破壊の問題がいっそう深刻になることが考えられる．最近では，ゲート酸化膜に代わる高誘電率のゲート誘電体膜も登場してきている．

1850代に電気二重層の原理が発見された．その発見から約100年後の1950代に電気二重層キャパシタが考案された．この電気二重層キャパシタ内の電極と電解液のナノ界面に発生する電界は極めて高い．このナノ界面に生じる高電界を利用した装置として，電気二重層キャパシタがある．今後は，ナノ界面における表面積がより大きく取れる新規の分極性電極を用いた大容量の電気二重層キャパシタの登場が期待されている．

## 11.2 半導体のpn接合素子における破壊

### 11.2.1 熱平衡状態におけるpn接合

単結晶半導体の中でp型とn型の領域が接する界面を**pn接合**（pn junction）といい，この界面には電気二重層が形成されている．pn接合は整流性を持ちダイオードとして用いられる他，バイポーラトランジスタ，サイリスタ，MOSFETなどにおいても基本的な構成要素となっている．

pn接合が形成されると，キャリアの密度差によりp型からn型へ正孔が，n型からp型へ電子がそれぞれ拡散により移動するため，pn接合面付近にキャリアの存在しない**空間電荷層**（space charge layer）が形成される．この空間電荷層中には高電界が発生し，拡散による電流（拡散電流）と高電界による移動（ドリフト電流）が釣り合ったところで，pn接合が熱平衡状態に達する．

図11.1は熱平衡状態におけるpn接合のエネルギー準位図であり，p型とn型の**フェルミ準位**（Fermi level）$E_f$ が一致している．この場合の正孔と電子に対する電位障壁の高さは，接合する以前のp型とn型のフェルミ準位の差に等しい．いま，素電荷を$e$とすると，この電位障壁の高さは$eV_i$となり，$V_i$を**拡散電位**（diffusion potential）という．空間電荷層の領域におけるキャリア密度は，空間電荷層以外の中性領域のキャリア密度に比べ，極端に少なくほぼ0とみなすことができ，空間電荷層のことを**空乏層**（depletion layer）ともいう．空間電荷層内には，n型領域側からp型領域側の向きに電界が形成され，空間電荷層内にn型領域を正とする拡散電位が生じる．

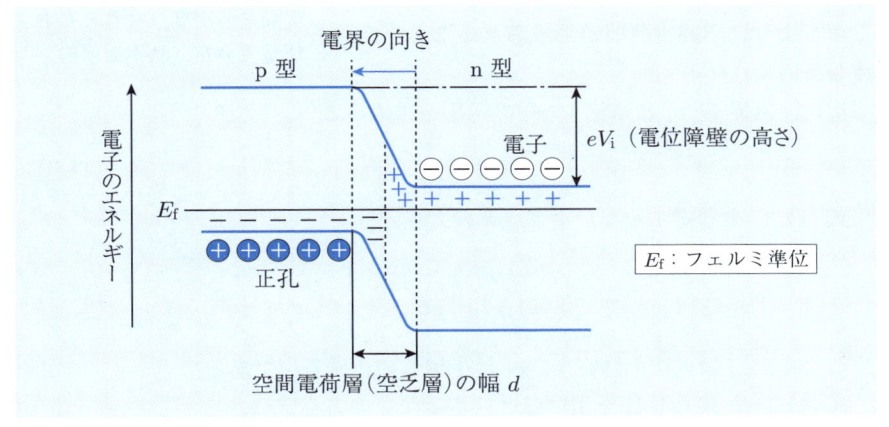

**図11.1** 熱平衡状態におけるpn接合のエネルギー準位図

## 11.2.2　空間電荷層内の電界と電位

図 11.2 に，熱平衡状態の pn 接合部分における **(a)** 空間電荷密度，**(b)** 電界分布，**(c)** 電位分布の様子を示す．ここで，空間電荷層内の電荷は，イオン化したアクセプタとドナーのみであるから，キャリアは存在しない．図 11.2 **(a)** に，1 次元で考えた空間電荷密度 $\rho(x)$ を示す．ここで，接合の位置 ($x=0$) を境に p 型の空間電荷層の端を $x=-x_\mathrm{p}$，n 型の空間電荷層の端を $x=x_\mathrm{n}$ とする．このように接合面で不純物密度が急激に変化している接合を**階段接合**（step junction）という．空間電荷密度 $\rho(x)$ は

$$\rho(x) = \begin{cases} 0 & (x < -x_\mathrm{p},\ x > x_\mathrm{n}) \\ -eN_\mathrm{a} & (-x_\mathrm{p} \leq x \leq 0) \\ eN_\mathrm{d} & (0 \leq x \leq x_\mathrm{n}) \end{cases} \tag{11.1}$$

ここで，$N_\mathrm{a}$, $N_\mathrm{d}$ はアクセプタとドナーの密度である．また，結晶全体における電気的中性条件から

$$N_\mathrm{a} x_\mathrm{p} = N_\mathrm{d} x_\mathrm{n} \tag{11.2}$$

式 (11.2) は，ドナー数とアクセプタ数が等しくなるように空間電荷層が形成されることを意味している．

次に，電界 $E(x)$ と電位 $V(x)$ の関係を求めると

$$E(x) = -\frac{dV(x)}{dx} \tag{11.3}$$

式 (11.3) を考慮すると，ポアソンの方程式は

$$\left. \begin{array}{l} \dfrac{d^2 V(x)}{dx^2} = -\dfrac{\rho(x)}{\varepsilon_0 \varepsilon_\mathrm{r}} \\ \dfrac{dE(x)}{dx} = \dfrac{\rho(x)}{\varepsilon_0 \varepsilon_\mathrm{r}} \end{array} \right\} \tag{11.4}$$

ここで，$\varepsilon_0$ は真空の誘電率，$\varepsilon_\mathrm{r}$ は半導体の比誘電率である．式 (11.1) と式 (11.4) を用いると，ポアソンの方程式は

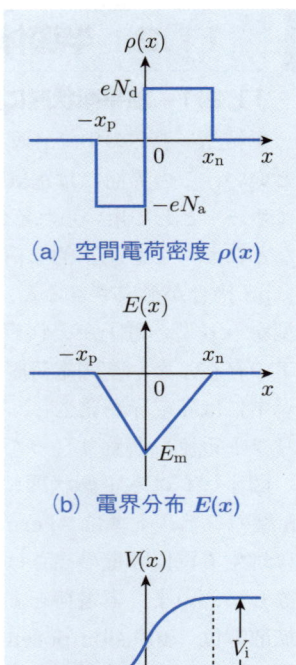

**図 11.2**　pn 接合における空間電荷密度，電界分布および電位分布（熱平衡状態）[1]

## 11.2 半導体の pn 接合素子における破壊

$$\frac{d^2V(x)}{dx^2} = \begin{cases} 0 & (x < -x_\mathrm{p},\ x > x_\mathrm{n}) \\ \frac{eN_\mathrm{a}}{\varepsilon_0\varepsilon_\mathrm{r}} & (-x_\mathrm{p} \leq x \leq 0) \\ -\frac{eN_\mathrm{d}}{\varepsilon_0\varepsilon_\mathrm{r}} & (0 \leq x \leq x_\mathrm{n}) \end{cases} \tag{11.5}$$

空間電荷層内における電界 $E(x)$ は,式 (11.5) を積分し,空間電荷層の端 $x=-x_\mathrm{p}$ および $x=x_\mathrm{n}$ において電界 $E(x)=0$ の条件を入れると

$$E(x) = \begin{cases} 0 & (x < -x_\mathrm{p},\ x > x_\mathrm{n}) \\ -\frac{eN_\mathrm{a}}{\varepsilon_0\varepsilon_\mathrm{r}}(x+x_\mathrm{p}) & (-x_\mathrm{p} \leq x \leq 0) \\ \frac{eN_\mathrm{d}}{\varepsilon_0\varepsilon_\mathrm{r}}(x-x_\mathrm{n}) & (0 \leq x \leq x_\mathrm{n}) \end{cases} \tag{11.6}$$

式 (11.6) より得られる電界分布を**図 11.2 (b)**に示す.電界の値が負になっているのは,電界の向きが n 型領域側から p 型領域側に向かっているためである.pn 接合内の最大電界 $E_\mathrm{m}$ は,p 型と n 型の界面に生じる.すなわち,$x=0$ において最大となり

$$E_\mathrm{m} = E(x)|_{x=0} = -\frac{eN_\mathrm{a}x_\mathrm{p}}{\varepsilon_0\varepsilon_\mathrm{r}} = -\frac{eN_\mathrm{d}x_\mathrm{n}}{\varepsilon_0\varepsilon_\mathrm{r}} \tag{11.7}$$

電位 $V(x)$ は式 (11.6) を積分して得られる.電位の基準を p 型領域の空間電荷層の端 $-x_\mathrm{p}$ にとると,n 型領域の端 $x_\mathrm{n}$ の電位は拡散電位 $V_\mathrm{i}$ となる.$x=-x_\mathrm{p}$ において $V(-x_\mathrm{p})=0$ および $x=x_\mathrm{n}$ において $V(x_\mathrm{n})=V_\mathrm{i}$ の条件を踏まえ,$E(x)$ を積分すると

$$V(x) = \begin{cases} \frac{eN_\mathrm{a}}{2\varepsilon_0\varepsilon_\mathrm{r}}(x+x_\mathrm{p})^2 & (-x_\mathrm{p} \leq x \leq 0) \\ -\frac{eN_\mathrm{d}}{2\varepsilon_0\varepsilon_\mathrm{r}}(x-x_\mathrm{n})^2 + V_\mathrm{i} & (0 \leq x \leq x_\mathrm{n}) \end{cases} \tag{11.8}$$

式 (11.8) より求まる電位分布を**図 11.2 (c)**に示す.式 (11.7) を用いると,空間電荷層の幅 $d$ は

$$d = x_\mathrm{p} + x_\mathrm{n} = -\frac{\varepsilon_0\varepsilon_\mathrm{r}E_\mathrm{m}}{e}\left(\frac{1}{N_\mathrm{a}} + \frac{1}{N_\mathrm{d}}\right)$$
$$= -\frac{\varepsilon_0\varepsilon_\mathrm{r}E_\mathrm{m}}{e}\frac{N_\mathrm{a}+N_\mathrm{d}}{N_\mathrm{a}N_\mathrm{d}}$$

したがって,$E_\mathrm{m}$ は $d$ を用いると

$$E_\mathrm{m} = -\frac{e}{\varepsilon_0\varepsilon_\mathrm{r}}\frac{N_\mathrm{a}N_\mathrm{d}}{N_\mathrm{a}+N_\mathrm{d}}d \tag{11.9}$$

また,$d$ は $V_\mathrm{i}$ を用いると

$$d = \sqrt{\frac{2\varepsilon_0\varepsilon_\mathrm{r}}{e}\frac{N_\mathrm{a}+N_\mathrm{d}}{N_\mathrm{a}N_\mathrm{d}}V_\mathrm{i}} \tag{11.10}$$

一般にデバイス内の pn 接合は,アクセプタ密度 $N_\mathrm{a}$ とドナー密度 $N_\mathrm{d}$ が極端

に異なる場合が多い（$N_a \gg N_d$）．したがって，次のように近似できる．

$$\frac{N_a + N_d}{N_a N_d} \fallingdotseq \frac{N_a}{N_a N_d} = \frac{1}{N_a}$$

ゆえに，$E_m$ と $d$ の関係式は，式 (11.9)，式 (11.10) から，次のように書くことができる．

$$E_m = -\frac{eN_d}{\varepsilon_0 \varepsilon_r} d \tag{11.11}$$

$$d = \sqrt{\frac{2\varepsilon_0 \varepsilon_r}{e} \frac{V_i}{N_d}} \tag{11.12}$$

以上は熱平衡状態における結果であるが，pn 接合に外部から電圧 $V_a$ を印加する場合には，式 (11.12) は，次のように書ける．

$$d' = \sqrt{\frac{2\varepsilon_0 \varepsilon_r}{e} \frac{V_i - V_a}{N_d}} \tag{11.13}$$

### 11.2.3　pn 接合における破壊

図 11.3 に，pn 接合に外部から電圧を印加したときの電圧（$V_a$）–電流（$I$）特性を示す．この電圧–電流特性が高電界現象と密接に関係しているのは，pn 接合部に逆方向電圧（$V_a < 0$）を印加したときである．逆方向電圧を増加していくと，最初は一定の飽和電流 $-I_0$ が流れるが，$V_a = -V_B$ という電圧で逆方向電流が急激に増加するようになり，これが pn 接合における**破壊**または**降伏**（breakdown）である．$V_B$ は**破壊電圧**，または**降伏電圧**と呼ばれ，このときに pn 接合に形成される電界の強さは，$10 \sim 100 \, \mathrm{MV \cdot m^{-1}}$ の値である．

　pn 接合の破壊現象は，比較的低い電圧（数 V 程度）で生じる場合と，高い電圧（10 V 以上）で生じる 2 つの場合がある．低い電圧での破壊は，通常のダイオードでみられるもので，キャリアのなだれ増倍に基づく**なだれ破壊**（avalanche

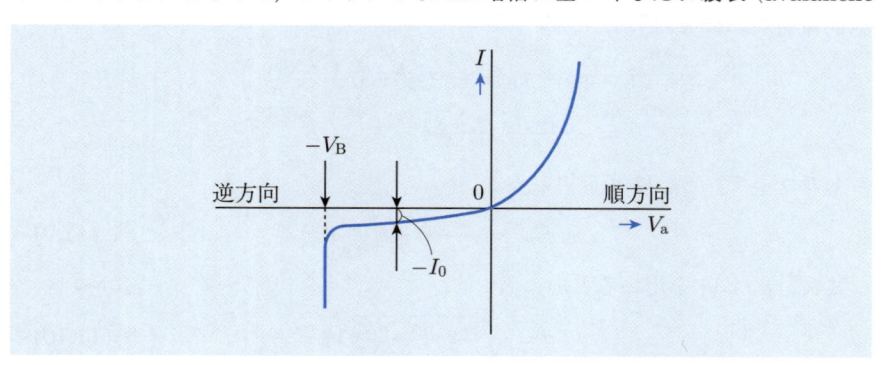

図 11.3　pn 接合の電圧–電流特性

## 11.2 半導体の pn 接合素子における破壊

breakdown）であり，高い電圧での破壊は，不純物密度が高いダイオードでみられるもので，トンネル効果に基づく**ツェナー破壊**（Zener breakdown）である．

一般的に，pn 接合に外から加える電圧を変えると pn 接合の空間電荷層内における最大電界の強さも変わる．図 11.4 は，熱平衡状態時の図 11.2 をもとに，逆方向電圧印加時の pn 接合における最大電界の強さ $E'_m$ と空間電荷層の幅 $d'$ の変化を示したものである．逆方向電圧を増加したときは，三角形の電界の傾きが一定で $E'_m$ が大きくなる．また，$E'_m$ が大きくなるにつれて $d'$ も広くなる．

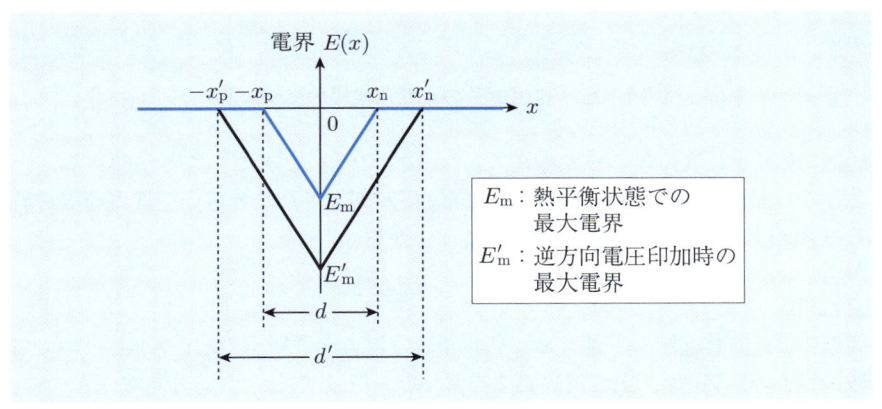

図 11.4 逆方向電圧印加時の pn 接合における最大電界の変化 [1]

$E_m$：熱平衡状態での最大電界
$E'_m$：逆方向電圧印加時の最大電界

### 11.2.4 なだれ破壊

逆方向電圧は，ほとんど pn 接合の空間電荷層に加わる．この電圧が高くなると，電界が強くなり，キャリアの速度が増加する．キャリアは格子原子に衝突し，電子-正孔の対生成を行うようになる．この対生成は高電界のところで行われる．発生した電子と正孔は分離し，さらに対生成を行う．このように対生成を繰り返し，キャリアの数が指数関数的に増大し電流が急増することになる．このような過程で起こる破壊現象を**なだれ破壊**という．電子なだれについては，第 5 章 5.3 節でも説明した．

図 11.5 に，自由電子のなだれ機構のモデル図を示す．添加された不純物密度をパラメータとして，シリコンあるいはガリウムひ素に対して，なだれ破壊が発生する電界が求められている．電界の強さが $10\,\mathrm{MV\cdot m^{-1}}$ 程度になると，なだれ破壊が生じる．pn 接合の $V_B$ は，空間電荷層の最大電界 $E_m$ が破壊電界

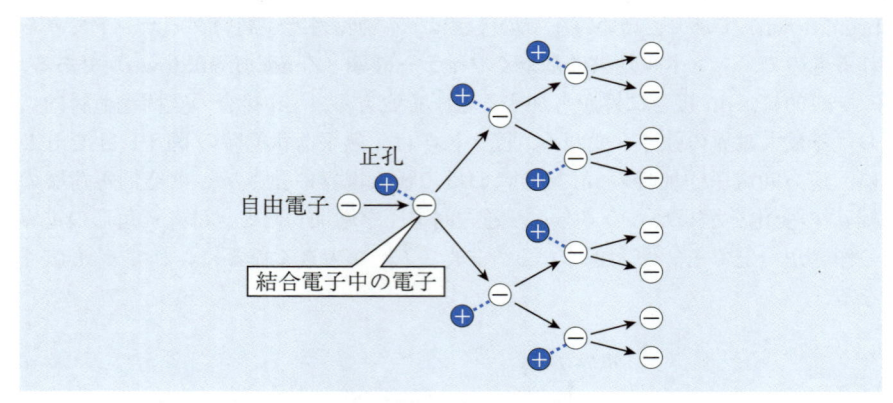

**図 11.5** 自由電子のなだれ機構のモデル図

$E_B$ に達するときに起こると考えて，pn 接合の $V_B$ を求めることができる．

ところで，pn 接合に外部から逆方向電圧が印加されたときの空間電荷層の幅 $d'$ は式 (11.13) で与えられた．式 (11.13) から

$$V_i - V_a = \frac{eN_d(d')^2}{2\varepsilon_0 \varepsilon_r}$$

ここで，拡散電位 $V_i$（通常は 1 V 以下）は逆方向電圧 $V_a$ に比べ小さいので省略してよい．$V_B$ は，上で述べたように $E'_m = E_B$ のときの逆方向電圧なので，式 (11.11) をもとに

$$V_B = \frac{\varepsilon_0 \varepsilon_r E_B^2}{2eN_d}$$

$V_B$ は，添加された不純物密度 $N_d$ にほぼ逆比例する．なだれ破壊は非常に安定して起こるので，電圧を一定に保つためのデバイスとして使われる．このデバイスは**ツェナーダイオード**または**定電圧ダイオード**と呼ばれる．

### 11.2.5　ツェナー破壊

空間電荷層の最大電界が，$100\,\mathrm{MV\cdot m^{-1}}$ 以上の大きさになると，価電子帯中の電子が電界から大きなエネルギーを受けて，量子力学的なトンネル効果により禁制帯を横切り，価電子帯から伝導帯へ通り抜けることができる．逆方向電圧が非常に大きくなると，価電子帯中の電子が伝導帯へトンネルする確率が大きくなり，極めて多数の電子がトンネルし始める．その結果，n 型には電子電流が，また p 型には正孔電流が流れ，破壊を引き起こす．このような破壊現象を**ツェナー破壊**という．

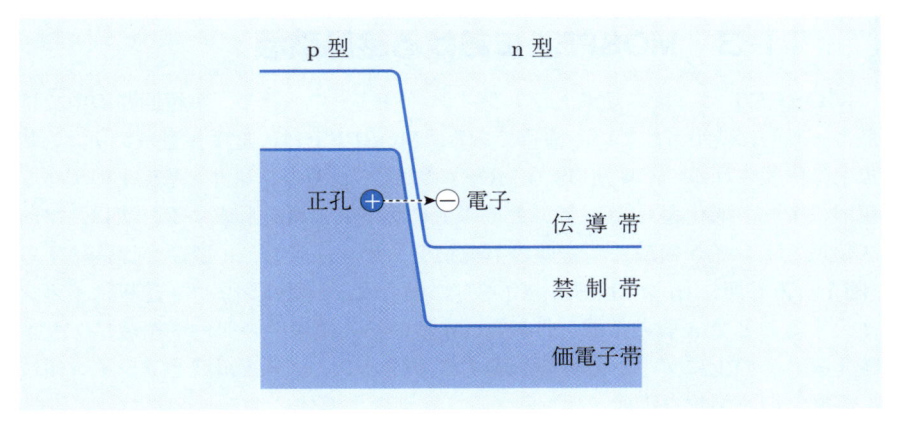

## 11.2 半導体の pn 接合素子における破壊

**図 11.6** pn 接合におけるトンネル効果

図 11.6 に，pn 接合におけるトンネル効果を示す．通常の pn 接合ダイオードでは，$100\,\mathrm{MV\cdot cm^{-1}}$ のような高電界は達成されない．その前に，なだれ破壊が先行して生じる．しかし，p 型，n 型ともに高密度の不純物で作製した pn 接合では，空間電荷層の幅が著しく薄くなるので，接合内部は外部から電圧を加えなくても，ツェナー破壊を生じさせるのに必要な電界の値に近くなる．このようなダイオードに逆方向電圧を加えるとツェナー破壊が生じる．

### ■ 例題 11.1 ■

シリコン基板の pn 接合がある．いま，アクセプタ密度 $N_\mathrm{a}$ を $10^{24}$ 個$\cdot\mathrm{m^{-3}}$，ドナー密度 $N_\mathrm{d}$ を $10^{21}$ 個$\cdot\mathrm{m^{-3}}$ とし，$50\,\mathrm{V}$ の逆方向電圧を印加したときの pn 接合部における空間電荷層の幅 $d'$ と最大電界の大きさ $|E'_\mathrm{m}|$ を求めよ．ただし，シリコンの比誘電率を 12 とせよ．

**【解答】** 素電荷 $e = 1.6 \times 10^{-19}\,\mathrm{C}$，真空誘電率 $\varepsilon_0 = 8.85 \times 10^{-12}\,\mathrm{F\cdot m^{-1}}$，比誘電率 $\varepsilon_\mathrm{r} = 12$，ドナー密度 $N_\mathrm{d} = 10^{21}$ 個$\cdot\mathrm{m^{-3}}$，逆方向電圧 $V_\mathrm{a} = -50\,\mathrm{V}$，かつ $N_\mathrm{a} \gg N_\mathrm{d}$ であるから，式 (11.13) より，空間電荷層の幅 $d'$ は

$$d' = \sqrt{\frac{2\varepsilon_0 \varepsilon_\mathrm{r}}{e} \frac{(-V_\mathrm{a})}{N_\mathrm{d}}} = \sqrt{\frac{2 \times 8.85 \times 10^{-12} \times 12}{1.6 \times 10^{-19}} \frac{50}{10^{21}}}$$
$$= 8.15 \times 10^{-6} = 8.15\,[\mu\mathrm{m}]$$

式 (11.11) より，最大電界の大きさ $|E'_\mathrm{m}|$ を求めると

$$|E'_\mathrm{m}| = \frac{1.6 \times 10^{-19} \times 10^{21}}{8.85 \times 10^{-12} \times 12} \times 8.15 \times 10^{-6}$$
$$= 12.3\,[\mathrm{MV\cdot m^{-1}}]$$

## 11.3　MOSFETにおける絶縁破壊

**MOSFET**は，電界効果トランジスタ（FET）の一種で，集積回路の中では最も一般的に使用されている構造である．MOSFETは，通常p型のシリコン基板上に作製される．n型MOS（nMOS）の場合，p型のシリコン基板上のゲート領域にゲート酸化膜（$SiO_2$膜）とその上にゲート金属を形成する．次に，ソース領域とドレイン領域に高密度の不純物をイオン注入し，n型の半導体にする（図11.7参照）．p型MOS（pMOS）の場合は，p型のシリコン基板にイオン注入することでn層の領域を作製し，n型の注入領域中のゲート領域にゲート酸化膜とその上にゲート金属を形成する．続いて，ソース領域とドレイン領域に高密度の不純物を再度イオン注入し，p型の半導体にする．

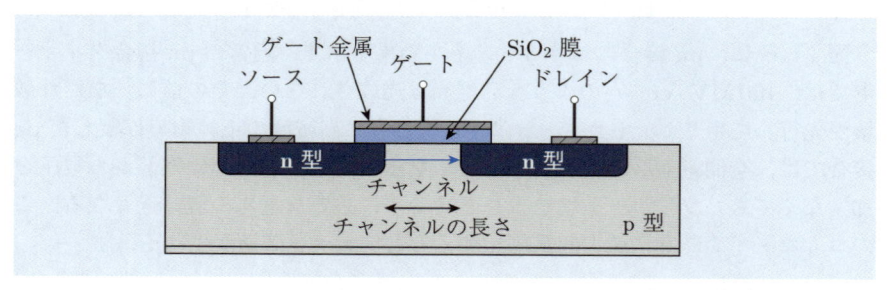

図11.7　n型MOSFETの構造

絶縁破壊には，固体が本来持っている性質で決まる**真性破壊**（intrinsic breakdown）と，不純物や欠陥などの2次的要因によって決まる**外因性破壊**（extrinsic breakdown）がある．理論的な絶縁破壊は，固体の分子結合が外から加えた電界に耐えられないときに起こる．たとえば，$SiO_2$膜では，理論的な絶縁破壊の強さは約 $3000\,\mathrm{MV\cdot m^{-1}}$ と見積もられている．実際の$SiO_2$膜の絶縁破壊の強さは，固体中に不純物やピンホールなどの欠陥を含むため，$500 \sim 1200\,\mathrm{MV\cdot m^{-1}}$ 程度である．したがって，ゲート酸化膜が薄くなればなるほど固体中に含まれる欠陥が減少するため，より高い絶縁破壊の強さが得られることが多い．

一般に，絶縁破壊の強さが $800 \sim 1200\,\mathrm{MV\cdot m^{-1}}$ の範囲であれば，真性破壊といわれている．一方，外因性破壊は，固体中の弱点部によって，真性破壊よりも低い $500 \sim 600\,\mathrm{MV\cdot m^{-1}}$ の範囲で生じることが多い．

図11.8は，MOSFETのスイッチング素子としての**スケーリング則**（scaling law）を示している．MOSFETをスイッチング素子と考えると，信号はソース

## 11.3 MOSFET における絶縁破壊

領域からドレイン領域へチャンネル領域を通って伝わる．このチャンネルの長さを短くすれば，スイッチング時間が短くなる．これがスケーリング比例縮小則の発端の考え方である．集積回路は**ムーアの法則**（Moor's law）を指導原理として，スケーリング則に基づいた微細化を推し進めることで発展してきた．スケーリング則とは，デバイス構造内の電界の強さを一定にしたまま，デバイス寸法と電源圧を $\frac{1}{h}$ 倍，不純物密度を $k$ 倍にすると，スイッチング速度は $\frac{1}{k}$ 倍，消費電力は $\frac{1}{k^2}$ 倍，集積度 $k^2$ 倍となることである．すなわちデバイスの微細化によって，速度，集積度，消費電力のいずれも性能が向上することを示している．

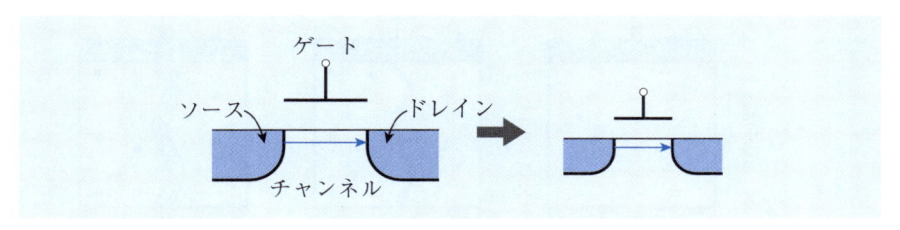

**図11.8** MOSFET のスケーリング則

スケーリング則によるシリコン半導体デバイスのマイクロ領域からナノ領域への微細化に関しては，様々な問題も浮上している．その中では，高電界におけるゲート酸化膜の絶縁破壊や，リーク電流によるゲート酸化膜の劣化がクローズアップされている．最近のシリコン半導体デバイスの発展によって，MOSFET のゲート長（チャンネルの長さ）は約 30 nm に，そしてゲート酸化膜の厚さは 1.2 nm まで微細化されている．

ゲート酸化膜が数 nm 程度に薄くなると，電子の波動性（トンネル効果）が MOSFET の特性に現れるようになる．すなわち，高電界のため，ゲート酸化膜中を通ってトンネル電流が流れ，MOSFET としての動作が難しくなり，最終的にはゲート酸化膜の劣化や絶縁破壊を引き起こす．実際の MOSFET 製品では，抵抗およびダイオードで構成されたゲート酸化膜保護回路を入れて，できる限り絶縁破壊しないようにしてある．

長期的な信頼性の観点からも，高電界によるホットキャリア（高エネルギーを持つキャリア）の注入や高いリーク電流の対策を考える必要がある．トンネル効果によるリーク電流を阻止する対策として，一部ではシリコン酸化膜に代って**高誘電率ゲート絶縁膜**（high-k 膜）が導入されている．

ところで，一般的に，絶縁破壊の強さよりも低い電界を誘電体に長時間印加し続けると，絶縁劣化し，最終的には絶縁破壊に至る．半導体の酸化膜（誘電体）に関しては，これを**経時的絶縁破壊**（time dependent dielectric breakdown：**TDDB**）という．ゲート酸化膜の絶縁劣化や絶縁破壊の機構については，未だ統一された見解は出ていないが，ここでは，図11.9 に示すようなパーコレーションパスの考えにもとづく TDDB のモデルについて説明する．

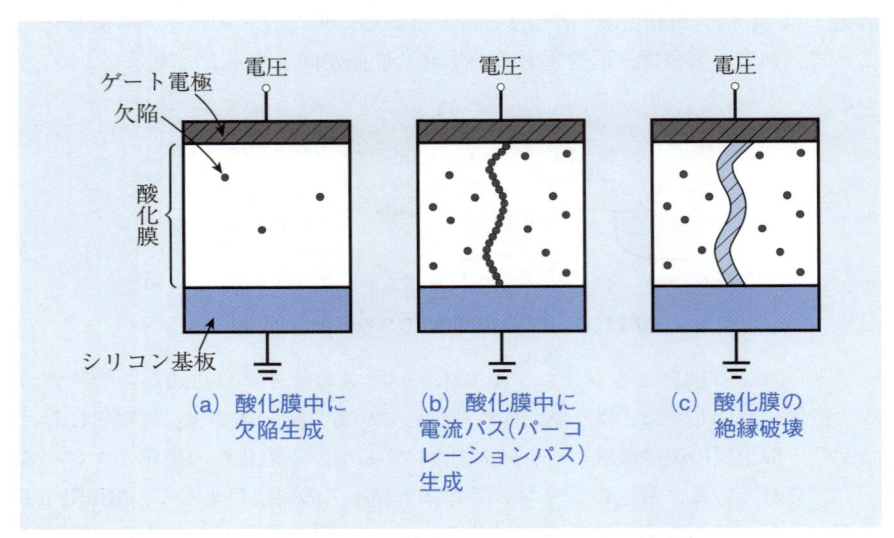

図11.9　パーコレーションパスを考慮した酸化膜の経時的絶縁破壊（**TDDB**）のモデル[6]

パーコレーションとは浸透という意味であり，一般につながりの科学のことである．パーコレーションモデルは，浸透現象を説明するために導入された．ここでいう浸透現象には，物質中を流れる電流の他に，岩石中に液体が浸透する現象，森林火災や伝染病の伝播の現象など，いろいろなものが考えられる．

まず，同図 (a) に示すように，酸化膜に印加された高電界，もしくは酸化膜中を流れる電流によって酸化膜中に欠陥（またはトラップサイト）が生成される．その後，同図 (b) に示すように，印加時間とともに酸化膜中の欠陥が増加し，欠陥間の距離が小さくなると電子の移動が容易になり酸化膜中に**電流パス**（**パーコレーションパス**）ができる．その結果，同図 (c) に示すように，最終的にゲート電極とシリコン基板間で絶縁破壊が起こる．

## 11.4 電気二重層と電気二重層キャパシタ

### 11.4.1 電気二重層の構造

電子が流れる電極とイオンが動く電解液が接する界面では，静電的な電荷分離現象，すなわち**電気二重層**が形成される．このような電気二重層は，物性の異なる相が接したとき，たとえば金属と真空の界面，金属と半導体の界面，半導体の pn 接合界面，コロイド粒子表面など，界面あるいは表面の種類を問わず多かれ少なかれ存在する．

電気二重層の界面構造については，1879 年ヘルムホルツ（Helmholtz）により最も簡単な平行平板キャパシタとして近似されたモデルが提案された．その後，グーイ（Gouy）やチャップマン（Chapman）による拡散二重層モデルの提案やシュテルン（Stern）によるヘルムホルツ層と拡散二重層を考慮したモデルの提案がなされた．シュテルンモデル（Stern model）は，現在でも界面電気二重層構造に関する最も基本的なモデルである．図 11.10 に，そのシュテルン

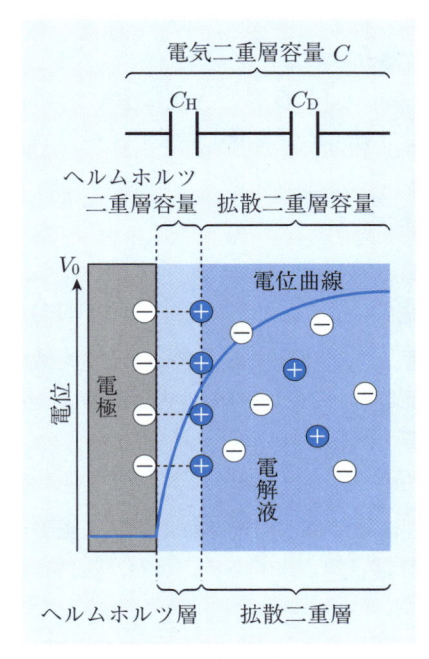

図 11.10 電気二重層の
シュテルンモデル

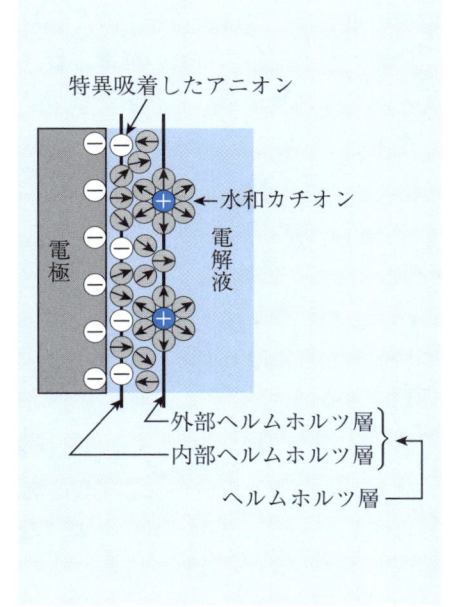

図 11.11 電極表面の二重層の
細部構造 [11]

モデル（電解液：水系，無機系）を示す．また，図11.11 に，電極表面の二重層の細部構造を示す．

電極界面に最も近い，つまり電極表面ではイオンが直接吸着（特異吸着）することにより単分子膜が形成される．この層は**内部ヘルムホルツ層**（inner Helmholtz layer：**IHL**）と呼ばれる．IHL 上に水和イオンが最近接することにより**外部ヘルムホルツ層**（outer Helmholtz layer：**OHL**）と呼ばれる層が形成される．この 2 つの層を総称して**ヘルムホルツ層**（Helmholz layer）と呼ぶ．OHL より溶液側では外部イオンにより**拡散二重層**（diffuse double layer）が形成される．

電解液中では，カチオン（陽イオン）は水和結合により水分子に取り囲まれている．また，カチオンに関しては，電極界面に近づく距離に限界があり，電極とカチオンの間の相互作用は主に静電気力（クーロン力）による．これに対してアニオン（陰イオン）は，電極との強い化学結合力により水和水を放出して電極近傍まで近づくことができる．このため，アニオンは静電気力から考えられる以上に電極表面に存在しており，この状態を**特異吸着**（specific adsorption）と呼ばれている．そのため，特異吸着したアニオンの電荷の重心とカチオンの電荷の重心は，ほぼ水和分子の大きさだけ離れている．

測定される電気二重層の**静電容量**（capacitance）$C$ は，次式に示すように，ヘルムホルツ層に基づく静電容量 $C_H$ と拡散層に基づく静電容量 $C_D$ の直列和である．

$$\frac{1}{C} = \frac{1}{C_H} + \frac{1}{C_D}$$

ゆえに，次のようになる．

$$C = \frac{C_H C_D}{C_H + C_D} \tag{11.14}$$

$C_H$ と $C_D$ のうち，小さいほうが $C$ の値を主に支配する．$C_D$ はイオン濃度の増加とともに増大するので，高イオン濃度では式 (11.14) により，次のように近似できる．

$$C \fallingdotseq C_H$$

すなわち，通常用いられる比較的高濃度溶液では，測定される電気二重層の静電容量 $C$ はほとんどヘルムホルツ層の静電容量 $C_H$ である．また，逆に希薄溶液では次のように近似できる．

$$C \fallingdotseq C_D$$

この場合，拡散層の厚さも増大する．なお，ヘルムホルツ層における電荷密度 $\sigma$ は

$$\sigma = \varepsilon_0 \varepsilon_\mathrm{r} E = \varepsilon_0 \varepsilon_\mathrm{r} \left( \frac{V}{d_\mathrm{H}} \right) \tag{11.15}$$

ここで，$\varepsilon_0$ は真空の誘電率，$\varepsilon_\mathrm{r}$ はヘルムホルツ層の比誘電率，$E$ は電界の強さ，$d_\mathrm{H}$ はヘルムホルツ層の厚さ，$V$ はヘルムホルツ層に掛かる電位である．式 (11.15) を $V$ で微分することで，$C_\mathrm{H}$ が導かれる．

$$C_\mathrm{H} = \frac{d\sigma}{dV} = \frac{\varepsilon_0 \varepsilon_\mathrm{r}}{d_\mathrm{H}} \tag{11.16}$$

### 11.4.2 電気二重層に掛かる電界

電荷の分離が存在するところでは例外なく電界が生じる．電極と電解液の界面に形成される電気二重層に，たとえば 1 V の電位差が存在している場合には，電気二重層の厚さを 0.4 nm とすると，電界 $E$ はおおよそ次のようになる．

$$\begin{aligned} E &= \frac{1.0}{4.0 \times 10^{-10}} \\ &= 2.5 \times 10^9 \,[\mathrm{V \cdot m^{-1}}] \end{aligned}$$

ここで用いた電気二重層の厚さの値は，たとえば $\mathrm{Na}^+$ のような単純な水和イオンの最近接距離である．実際の二重層の厚さは水和（溶媒和）の状態などによって変わる．このことからも電界の強さは極めて大きな値，すなわち，約 $3000\,\mathrm{MV \cdot m^{-1}}$ を持つことがわかる．電気二重層においては，普通の意味での誘電体が存在しておらず，そのふるまいは通常の誘電体とは著しく異なる．この場合の電気二重層においては，電極表面に吸着した単分子膜のみが電気二重層の静電容量のもとになっている．

このような電気二重層における高電界発生の原因は，原子スケールでの状況を考えると理解できる．たとえば，HCl や $\mathrm{H_2O}$ のような分子双極子内やイオン結晶内における局部的電界の大きさは $1000\,\mathrm{MV \cdot m^{-1}}$ のオーダである．NaCl 結晶を例にとると，イオンの状態の $\mathrm{Na}^+$ と $\mathrm{Cl}^-$ ではそれらは極めて安定であり，イオン間の電荷移動による絶縁破壊は起こり難い．ただし，電気二重層に掛かる電位差がある限界値を超えると，電極と電解液の界面で電荷の移動が生じ，電気二重層の破壊が進行することになる．

電気二重層に掛かる電界 $E$ は，面電荷密度 $\sigma$ を持つ導体板の電界に関するガウスの法則を用いると

$$E = \frac{\sigma}{\varepsilon} = \frac{\sigma}{\varepsilon_0 \varepsilon_\mathrm{r}}$$

ここで，$\varepsilon_r$ は電気二重層内の比誘電率である．この電気二重層内の $\varepsilon_r$ の値は，誘電測定から直接求められたものではなく，他の物理化学的測定から見積もられた値である．図 11.12 は，電極からの距離（$1\,\text{Å} = 0.1\,\text{nm}$）による比誘電率 $\varepsilon_r$ の変化を示したものである．$\varepsilon_r$ は，電界によっても変化するが，電気二重層内では 3～7 程度と見積もられている．

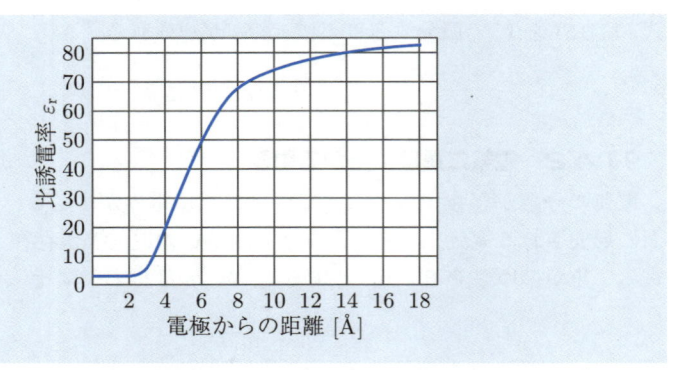

図 11.12　電極表面からの距離による比誘電率の変化 [14]

### 例題 11.2

図 11.13 に示すように，厚さ $\delta\,[\text{m}]$ のごく薄い 2 枚の導体板（面積 $S\,[\text{m}^2]$）に一様な面電荷密度 $\pm\sigma\,[\text{C}\cdot\text{m}^{-2}]$ を持つ電気二重層がある．任意の点 P における電位 [V] と電界 $[\text{V}\cdot\text{m}^{-1}]$ を求めよ．

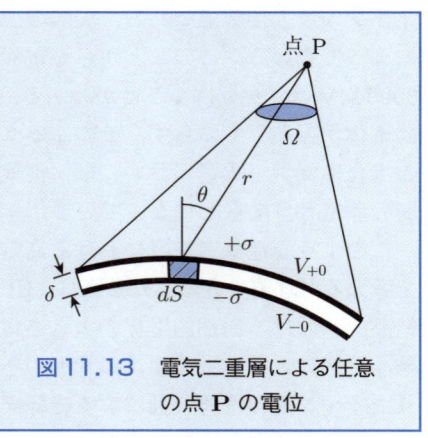

図 11.13　電気二重層による任意の点 P の電位

【解答】　面電荷密度が $\pm\sigma\,[\text{C}\cdot\text{m}^{-2}]$ であるので $M = \sigma\delta\,[\text{C}\cdot\text{m}^{-1}]$

ここで，$M$ は電気二重層の強さである．次に，二重層の微小面積 $dS\,[\text{m}^2]$ の部分はモーメント $MdS\,[\text{C}\cdot\text{m}]$ を持つ電気双極子と考えられるので，それによる任意の点 P の電位 $dV$ [V] は

## 11.4 電気二重層と電気二重層キャパシタ

$$dV = \frac{M\,dS\cos\theta}{4\pi\varepsilon_0 r^2} = \frac{M}{4\pi\varepsilon_0}d\Omega\,[\mathrm{V}], \quad d\Omega = \frac{dS\cos\theta}{r^2} \tag{11.17}$$

式 (11.17) の $d\Omega$ は点 P から $dS\,[\mathrm{m}^2]$ を見た立体角であるから，二重層全体による点 P の電位 $V\,[\mathrm{V}]$ は

$$V = \int_S dV = \int_S \frac{M}{4\pi\varepsilon_0}d\Omega = \frac{M}{4\pi\varepsilon_0}\Omega\,[\mathrm{V}]$$

ただし，$\Omega$ は点 P から面積 $S\,[\mathrm{m}^2]$ を見た立体角であり，点 P が $+\sigma$ 側にあれば $\Omega > 0$，$-\sigma$ 側にあれば $\Omega < 0$ である．したがって，$+\sigma$ 側では $V > 0$，$-\sigma$ 側では $V < 0$ になる．また，$\Omega =$ 一定 であれば点 P の位置，二重層の大きさ，形に関係なく $V =$ 一定 になる．

二重層の両側で，そのすぐ近くの $+\sigma$ 側の電位 $V_{+0}$，$-\sigma$ 側の電位 $V_{-0}$ は

$$V_{+0} = \frac{M\Omega}{4\pi\varepsilon_0}\,[\mathrm{V}], \quad V_{-0} = -\frac{M(4\pi-\Omega)}{4\pi\varepsilon_0}\,[\mathrm{V}]$$

したがって，二重層の電位差を求めると $V_{+0} - V_{-0} = \frac{M}{\varepsilon_0}\,[\mathrm{V}]$

二重層内の電界の強さ $E$ は，$\sigma = \varepsilon_0 E$ の関係から $E = \frac{\sigma}{\varepsilon_0}\,[\mathrm{V}\cdot\mathrm{m}^{-1}]$

### 11.4.3 電気二重層キャパシタの基本構造

**電気二重層キャパシタ**（electric double layer capacitor：**EDLC**）は，1957年アメリカのベッカー（Becker）らによって考案された．彼らは，大きな表面積を持つ炭素電極を電解液に浸漬することで，大きな静電容量を持つことを見出した．

図 11.14 に，キャパシタの基本構造を示す．通常のキャパシタは，相対する 2 つの電極の間に誘電体を挟んで向い合わせ，この両電極間に電荷を蓄え，静電容量を持たせることができる装置である．これに対して，EDLC は通常のキャパシタに使われるような明確な誘電体は存在せず，**分極性電極**（polarizable electrode）と**電解液**（electrolyte）の界面に生じる電気二重層を利用する装置である．ただし，基本的には同図に示したような通常のキャパシタの構造に基づいて取り扱うことができる．分極性電極とは，電位差を与えても電流が流れないある電位差の範囲がとれる電極のことである．代表的な分極性電極としては，炭素電極，白金，金などがある．EDLC の分極性電極としては，表面積が広い多孔質の**活性炭**（activated carbon）が多く用いられている．

$$Q = CV$$
$$C = \frac{\varepsilon S}{d}$$
$\varepsilon$：誘電率

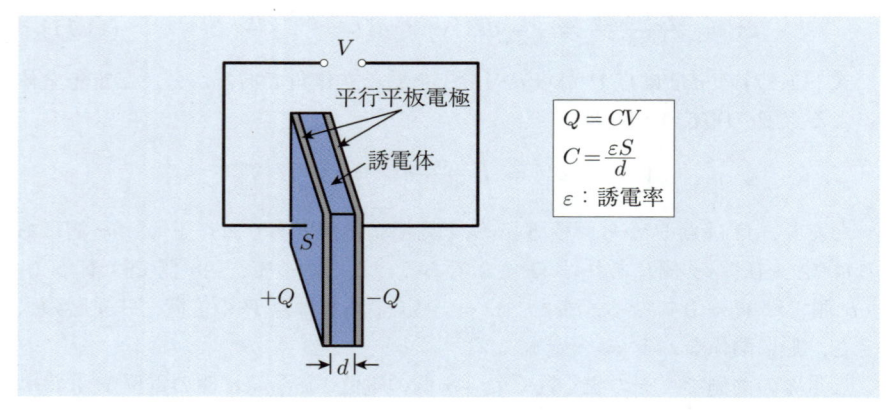

**図11.14** キャパシタの基本構造

表11.2 は，代表的な EDLC と通常のキャパシタの電気的特性を比較したものである．同表より，EDLC の静電容量 $C$ の範囲は $10^{-2} \sim 10^4$ F，電解液（電気二重層内）の比誘電率 $\varepsilon_r$ は 3～7，厚さ $d$ は約 0.5 nm となっている．

**表11.2** 電気二重層キャパシタと通常キャパシタの電気的特性の比較 [13]

| キャパシタの種類 | 誘電体 | 容量 [F] | $\varepsilon_r$ | $d$ [nm] |
|---|---|---|---|---|
| セラミック | 金属酸化物 | $10^{-12} \sim 10^{-5}$ | $10^2 \sim 10^4$ | $10^2 \sim 10^5$ |
| アルミニウム電解 | $Al_2O_3$ | $10^{-7} \sim 10^0$ | 8～10 | $10 \sim 10^3$ |
| タンタル電解 | $Ta_2O_5$ | $10^{-7} \sim 10^{-4}$ | 23～27 | 10～500 |
| プラスチックフィルム | PET など | $10^{-9} \sim 10^{-5}$ | 2～4 | $500 \sim 10^4$ |
| 電気二重層 | 電解液 | $10^{-2} \sim 10^4$ | 3～7 | 約 0.5 |

図11.15 に，EDLC の原理図を示す．EDLC は次のようなものから構成されている．
(1) 電気二重層を形成するための分極性電極（活性炭電極など）
(2) 電気二重層に蓄積された電荷を出し入れするための集電極（アルミニウム電極など）
(3) 分極性電極との界面に電気二重層を形成するための電解液（無機系，有機系電解液）
(4) 分極性電極どうしの絶縁を保持するためのセパレータ（絶縁紙，プラスチック紙）

## 11.4 電気二重層と電気二重層キャパシタ

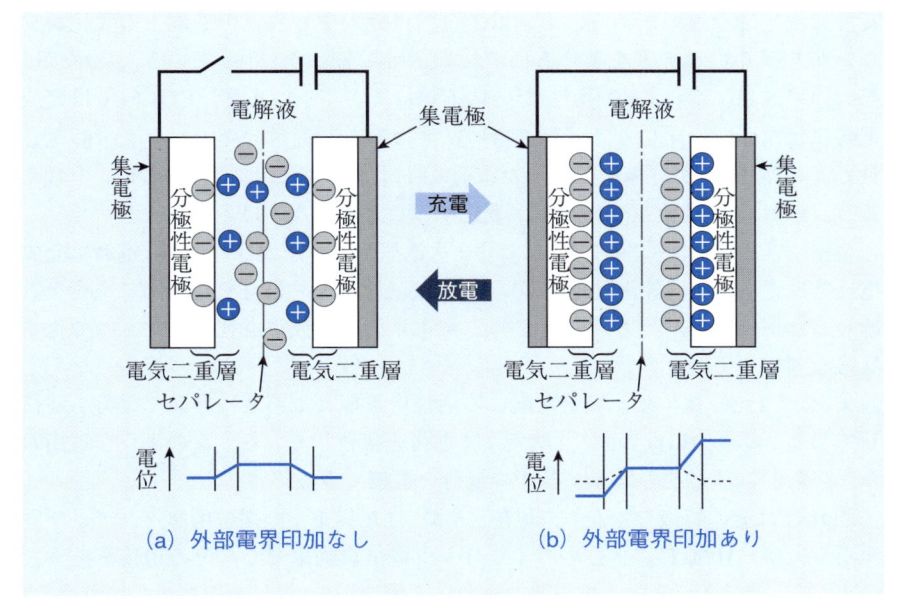

**(a) 外部電界印加なし**

**(b) 外部電界印加あり**

**図11.15** 電気二重層キャパシタの原理図

充電すると，電極には正か負か，どちらかの電荷がそれぞれの電極に貯まり，同時にその電荷と反対符号のイオンが対向した面にできる．さらにキャパシタ全体を見てみると，2つの電極を持つキャパシタでは電気二重層は2つあり，それが電解液を介して直列につながっている．つまり，EDLCは内部に電気二重層を必ず2つ持ったデバイスである．

EDLCにおいては，充電時にイオンが電極表面に吸着し，放電時に電極中の電荷を放出するとともに，電極表面のイオンが離れることになる．充電と放電で起こることは純電気的な過程だけであり，非常に単純である．このことから，EDLCは次のような特長を有する．

(1) 短時間で充電できる．
(2) 大電流で充放電ができ，高出力（ハイパワー）である．
(3) 充放電の繰返し回数の寿命が長い．10万回～100万回の充放電が可能とされている．

次に，EDLCと電池を比較してみる．充電と放電を繰り返せる電池は**2次電池**と呼ばれる．EDLCと2次電池はどちらも電気を貯めるデバイスであるが，

特性に決定的な違いがある．それは，電池は充電中も放電中も電圧の変化が少ないが，EDLC は充電を進めるにつれて徐々に電圧が上がっていき，放電ではその逆に進むにつれて電圧がしだいに下がっていく．つまり，EDLC では充放電時には電圧が一定になる状態がない．すなわち，通常のキャパシタ（静電容量 $C$）の電圧 $V$ が電極に貯まった電荷 $Q$ に比例すること（$Q = CV$）を考えると，EDLC で充放電時に電圧が変化することがうなずける．

蓄積できる電荷量に関していえば，2 次電池のほうが大きい．2 次電池は充放電反応に化学反応（酸化還元反応）を利用し，3 次元時に材料空間内に電荷を貯めることができる．一方，EDLC は，純電気的な充放電を利用したもので化学反応を利用していない．

また，EDLC はイオン吸着が起こる活性炭電極と電解液の界面で電荷を蓄積しており，基本的には表面（2 次元）で電荷を蓄積している．このような理由から，一般的には電池のほうが多くの電荷を蓄積できる．

EDLC はその特徴を生かし，現在，小型（1 F 以下）の携帯用バックアップ電源から大型（1000 F 以上）のハイブリット電気自動車まで，その用途を拡大しつつある．図 11.16 に，実用化されている円筒型 EDLC の構造の一例を示す．

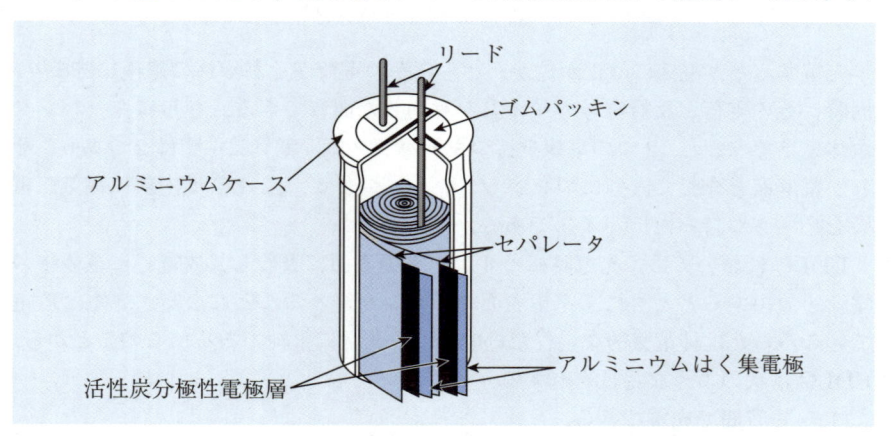

図 11.16　円筒型電気二重層キャパシタの構造 [14]

# 11.5 エレクトロルミネセンスディスプレイ

現在，テレビ，パソコン，産業用機器などの様々な分野の出力表示装置としてディスプレイ (display) が使われている．ディスプレイの種類には，表示方法の違いにより，液晶ディスプレイ，プラズマディスプレイ，エレクトロルミネセンスディスプレイ (ELD) などがあるが，発光素子の固有の絶縁破壊の強さに近い高電界を利用したディスプレイの代表的なものとして ELD がある．

そこで，ここではエレクトロルミネセンス (electroluminescence) 現象を利用した ELD について説明する．エレクトロルミネセンスとは，物質を電界で刺激したとき，発光する現象 (電界発光) のことである．

ELD は大別して，**無機 ELD** (inorganic electroluminescent display) と**有機 ELD** (organic electroluminescent display) がある．ELD は，フラットパネルディスプレイ (**FPD**) の一種で，完全固体型デバイスである．FPD とは，薄型で平坦な画面を持ったディスプレイのことで，厚みが 10 cm 未満という場合が多い．ELD は，ガラス内面に薄膜や厚膜プロセスにより薄い膜を積層した構造であるため堅牢であり，衝撃にも強いという特徴を持つ．また，自発光タイプであり，発光層からの光は拡散光となっているため，広視野角表示が可能である．応答時間も数 $\mu$s 以下と速く，鮮明な画像表示が可能である．また，発光が電子と正孔との再結合や蛍光体への電子衝突により起こるため，基本的には広い温度範囲で高品質表示ができる．

しかし，無機 ELD，有機 ELD ともパネルの製造方法が**真空蒸着法** (vacuum evaporation method) を基本としているため，画面サイズを大きくすると膜厚均一化が難しくなるため大型化に課題が残る．駆動電圧としては，現在，無機 ELD は交流が，また有機 ELD は直流がそれぞれ主流となっている．

### 11.5.1 無機 ELD

図 11.17 に，単色で発光する薄膜型交流の**無機 ELD** の代表的な構造を示す．この ELD は，電極の間に第一絶縁層，EL 発光層，第二絶縁層を積層した構造となっている．各層の厚みは，発光層が 0.5〜1 $\mu$m，絶縁層が 0.3〜0.5 $\mu$m 程度である．これに 100〜200 V 前後のパルス電圧を印加する．

図 11.18 に，パルス印加電圧と輝度波形を示す．発光層の両端に 200 MV·m$^{-1}$ 程度の高電界が生じ，負電圧側絶縁層と発光層の界面から発光層に電子が流入される．電子は高電界によって発光層の中で加速され発光中心に衝突する．こ

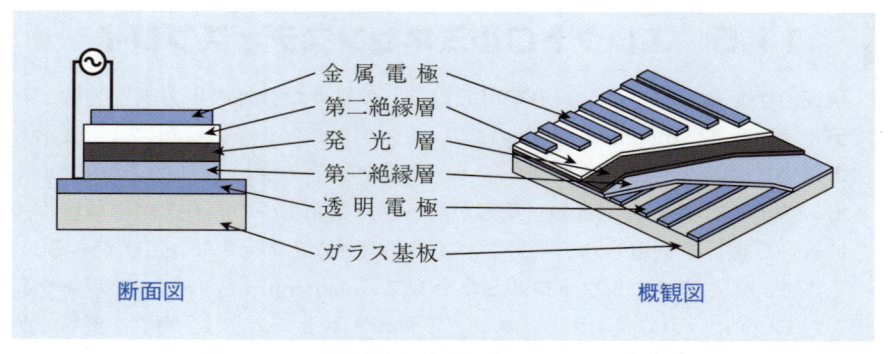

図 11.17　薄膜型交流の無機 ELD の構造 [16]

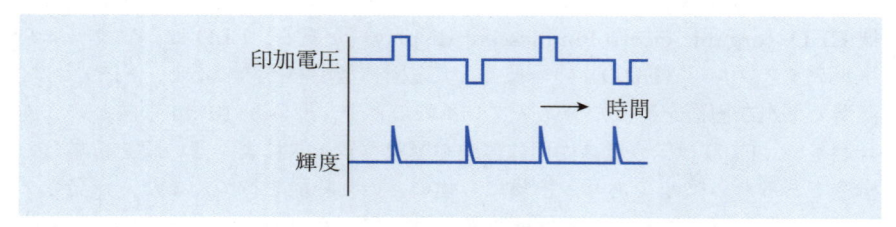

図 11.18　パルス印加電圧と輝度波形 [16]

のとき，発光中心が励起され発光が起こる．発光直後，対向側の絶縁層と発光層の界面には電子障壁となるトラップが発生し，電子の流れが途絶え発光が停止する．発光を継続させるために逆電圧を印加して逆方向に電子の流れを作り，高電界により電子を加速させた電子を発光中心に衝突させる．この繰返し動作により発光が継続する．すなわち，薄膜型交流 ELD では，図 11.18 に示すように，交流パルス電圧を継続して印加することによって，パルス状の発光が持続して起こる．

発光材料として，硫化亜鉛（ZnS）などの無機物が使われている．絶縁層には高誘電率かつ絶縁破壊の強さの大きい材料が選ばれ，デバイスの絶縁破壊を防ぐとともに発光層に高電界を安定に印加することを可能にしている．無機 ELD は現在，産業用機械，医療機器，キャッシュレジスタなどのモノクロ型に使われている．

### 11.5.2 有機 ELD

図 11.19 に，低分子材料を用いた**有機 ELD** の代表的な構造を示す．この ELD は，陽極となる透明電極と陰極となる金属電極の間に，正孔輸送層，発光層，電子輸送層の有機薄膜層を挟みこんだ多層膜から構成されている．多層膜の厚さは，数百 nm 程度と薄くなっている．陽極と陰極に 10 V 程度の直流電圧を印加すると，多層膜に $50\,\mathrm{MV\cdot m^{-1}}$ 程度の高電界が印加され，正孔輸送層から正孔が，電子輸送層から電子が発光層に注入される．その結果，発光層内で正孔と電子が再結合して励起状態を形成し，その励起状態から基底状態に戻る過程で発光が起こる．

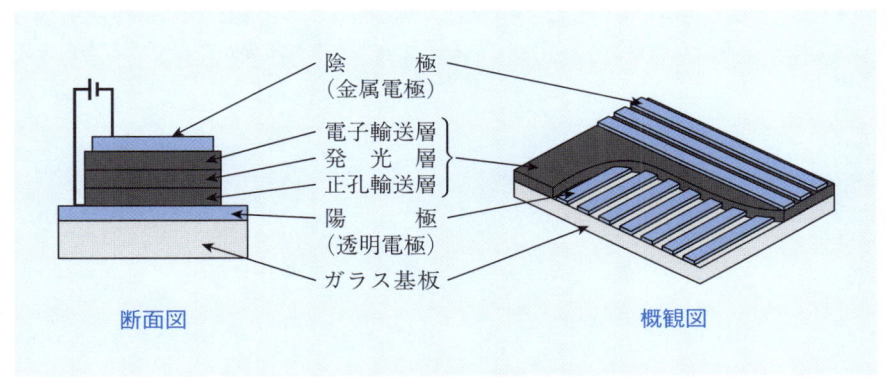

図 11.19 低分子材料を用いた有機 ELD の構造 [16]

発光層に用いる発光材料としては，高分子系と低分子系の有機物がある．有機 ELD は無機 ELD と比較して，カラー化が容易で低電界動作が可能という特徴があり，現在，**有機 EL テレビ**（organic electroluminescent television）に搭載されている．

## 11章の問題

☐ **11.1** pn 接合に印加する逆方向電圧を増加させたときの，pn 接合部における最大電界の強さと空間電荷層の幅の変化について説明せよ．

☐ **11.2** MOSFET において，ゲート酸化膜の厚さが数 nm 程度になると，酸化膜が絶縁劣化や絶縁破壊しやすくなる理由を述べよ．

☐ **11.3** 従来の誘電体を使用したキャパシタと比較し，電気二重層キャパシタの特長を述べよ．

☐ **11.4** 電気二重層においては，極めて高い電界（普通の誘電体であれば絶縁破壊してしまうような高電界）が存在している．このような高電界が存在できる理由を述べよ．

# 問題解答

## 1章

- **1.1** 1.1 節参照
- **1.2** 1.2 節参照
- **1.3** 1.3 節参照

## 2章

**2.1** 電荷 $q$ [C] から，距離 $r$ [m] 離れた点の電界の強さ $E$ は $E = \frac{q}{4\pi\varepsilon_0 r^2}$ [V·m$^{-1}$] であるから，$q$ を求めると

$$q = E \times 4\pi\varepsilon_0 r^2 = 10^5 \times \frac{1}{9 \times 10^9} \times 10^{-4}$$
$$= 1.11 \times 10^{-9} \text{ [C]}$$

$q$ の符号（±）によらず，電界の強さは同じになる．ゆえに，電荷の大きさは $\pm 1.11 \times 10^{-9}$ [C]

**2.2** クーロンの法則より

$$E = \frac{Q}{4\pi\varepsilon_0 r^2} \text{ [V·m}^{-1}\text{]}$$
$$V = -\int_\infty^P E dr$$
$$= -\int_\infty^r \frac{Q}{4\pi\varepsilon_0 r^2} dr = \frac{Q}{4\pi\varepsilon_0 r} \text{ [V]}$$

**2.3** 金属球の外側においては，電荷 $Q$ [C] はすべて球の中心に集まっている点電荷とみなしてよい．中心から任意の点までの距離を $r$ [m] とすると電界 $E$ は

$$E = \frac{Q}{4\pi\varepsilon_0 r^2} \text{ [V·m}^{-1}\text{]}$$

電位 $V$ は

$$V = \frac{Q}{4\pi\varepsilon_0 r} \text{ [V]}$$

したがって，$E$ と $V$ の関係は

$$E = \frac{V}{r} \text{ [V·m}^{-1}\text{]}$$

**2.4** 最初，点 P$(x, y, z)$ の電位を求め，次に，$\boldsymbol{E} = -\text{grad}\, V$ の関係を用いて電界の強さを求める．点 P の電位 $V$ は

$$V = \frac{Q}{4\pi\varepsilon_0 r} \text{ [V]}$$

$x$ 方向の電界の強さ $E(x)$ は，$r = \sqrt{x^2 + y^2 + z^2}$ [m] であるから

$$E(x) = -\frac{\partial V}{\partial x} = -\frac{\partial V}{\partial r}\frac{\partial r}{\partial x}$$

$$= \frac{Q}{4\pi\varepsilon_0 r^2} \frac{x}{\sqrt{x^2+y^2+z^2}}$$
$$= \frac{Qx}{4\pi\varepsilon_0(x^2+y^2+z^2)^{3/2}} \ [\text{V}\cdot\text{m}^{-1}]$$

同様に,$E(y)$, $E(z)$ は
$$E(y) = \frac{Qy}{4\pi\varepsilon_0(x^2+y^2+z^2)^{3/2}} \ [\text{V}\cdot\text{m}^{-1}]$$
$$E(z) = \frac{Qz}{4\pi\varepsilon_0(x^2+y^2+z^2)^{3/2}} \ [\text{V}\cdot\text{m}^{-1}]$$

■ **2.5** 図のように $x$ をとると,電極板が非常に広いので,式 (2.26) より,電位 $V$ は $x$ だけの関数になり,次式のように表せる.
$$\frac{d^2V(x)}{dx^2} = -\frac{\rho(x)}{\varepsilon_0} \tag{1}$$

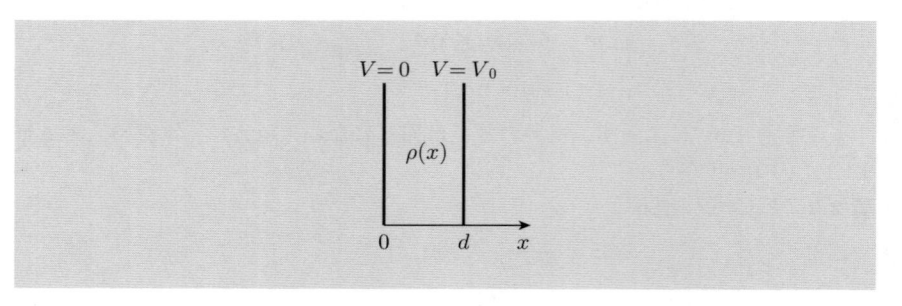

次に,問題で与えられた式 (1) の $V(x)$ を $x$ で 2 回微分すると
$$\frac{dV(x)}{dx} = \frac{4}{3}\frac{1}{d}V_0\left(\frac{x}{d}\right)^{1/3}$$
$$\frac{d^2V(x)}{dx^2} = \frac{4}{9}\frac{1}{d^2}V_0\left(\frac{x}{d}\right)^{-2/3} = -\frac{\rho(x)}{\varepsilon_0}$$

したがって,$\rho(x)$ は
$$\rho(x) = -\frac{4}{9}\frac{\varepsilon_0}{d^2}V_0\left(\frac{x}{d}\right)^{-2/3} \ [\text{C}\cdot\text{m}^{-3}]$$

■ **2.6** 2.7 節参照

# 3章

■ **3.1** 3.1 節参照

■ **3.2** 3.1 節の図 3.1,3.2 節の図 3.8 参照

■ **3.3** 式 (3.6) を用いて,図に示すような電界利用率 $\eta$ と $\frac{R}{r}$ の関係を求める.$\frac{R}{r}$ が大きくなるにつれて,すなわち不平等になるにつれて $\eta$ は小さくなることがわかる.

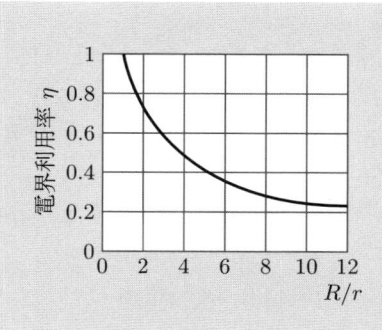

$\eta$ と $\frac{R}{r}$ の関係

■ **3.4** 半径 $r$ の内側電極上の電界の強さを $E_r$ とすると
$$E_r = \frac{V}{r} \ln\left(\frac{R}{r}\right)$$
であるから，この電界の強さが最小になる条件は $\frac{dE_r}{dr} = 0$，すなわち $\frac{R}{r} = e = 2.72$ のときである．

## 4章

■ **4.1** (1) $w = f(z) = f(x+jy) = u(x,y) + jv(x,y)$ であるから $u(x,y) = x^2 - y^2$, $v(x,y) = 2xy$ となる．
$$\frac{\partial u}{\partial x} = 2x = \frac{\partial v}{\partial y}, \quad \frac{\partial v}{\partial x} = 2y = -\frac{\partial u}{\partial y}$$

(2) $u(x,y) = 3(x^2 - y^2) + 2$, $v(x,y) = 6xy$ となるから
$$\frac{\partial u}{\partial x} = 6x = \frac{\partial v}{\partial y}, \quad \frac{\partial v}{\partial x} = 6y = -\frac{\partial u}{\partial y}$$
ともにコーシー–リーマンの方程式を満足する．

■ **4.2** $f(z)$ が正則関数であれば，コーシー–リーマンの方程式を満たす．
$$\frac{\partial u}{\partial x} = \frac{\partial v}{\partial y}, \quad \frac{\partial v}{\partial x} = -\frac{\partial u}{\partial y}$$
両辺の辺々をそれぞれ掛けると
$$\frac{\partial u}{\partial x}\frac{\partial v}{\partial x} + \frac{\partial u}{\partial y}\frac{\partial v}{\partial y} = 0$$
$x$ および $y$ で偏微分すると
$$\frac{\partial^2 u}{\partial x^2} = \frac{\partial^2 v}{\partial x \partial y} = \frac{\partial^2 v}{\partial y \partial x} = -\frac{\partial^2 u}{\partial y^2}$$
$$\frac{\partial^2 v}{\partial x^2} = -\frac{\partial^2 u}{\partial x \partial y} = -\frac{\partial^2 v}{\partial y^2}$$

すなわち
$$\tfrac{\partial^2 u}{\partial x^2}+\tfrac{\partial^2 u}{\partial y^2}=0, \quad \tfrac{\partial^2 v}{\partial x^2}+\tfrac{\partial^2 v}{\partial y^2}=0$$
$u(x,y), v(x,y)$ はともにラプラスの方程式を満足する.

■ **4.3**　中心 O に $\frac{a}{d}q$ [Q], OP 上で点 O から $\frac{a^2}{d}$ [m] の位置に $-\frac{a}{d}q$ [Q] をそれぞれ置く.

■ **4.4**　変換式の右辺を実数部と虚数部に分離すると
$$x=\tfrac{d}{\pi}(u+1+e^u\cos v)$$
$$y=\tfrac{d}{\pi}(v+e^u\sin v)$$
$u=$ 一定 の曲線群は電気力線を表し, $v=$ 一定 の曲線群は等電位線を表すとしたとき, $u,v$ をパラメータとして描いた電気力線と等電位線を図に示す. $v=\pi,-\pi$ は平行平板電極に相当する. この曲線に沿って作られる電極をロゴスキー電極という.

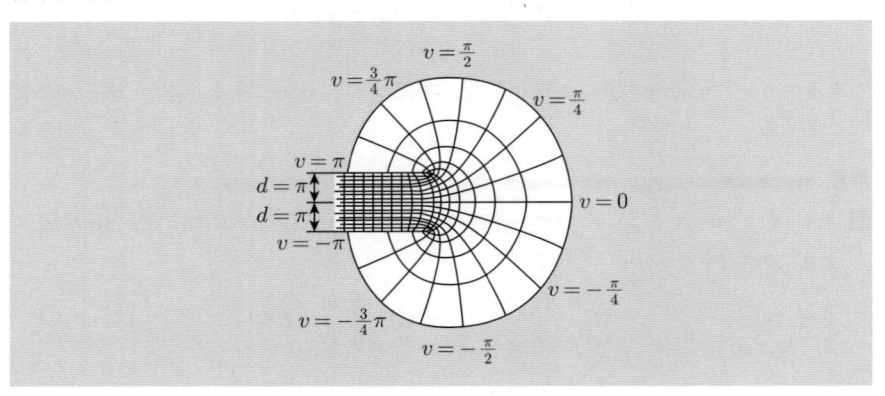

■ **4.5**　4.2 節参照

## 5章

■ **5.1**　絶縁媒質に高電界を印加すると, 媒質が絶縁状態から導電状態に変化し, 絶縁破壊してしまう現象をいう. また, キャパシタや電池に蓄えられている電荷が電流となって流れて, 蓄えられていた静電エネルギーを放出する現象も広い意味の放電現象である. ただし, 一般的には絶縁破壊を伴う場合を放電現象という.

■ **5.2**　5.1 節参照

■ **5.3**　5.1 節参照

■ **5.4**　5.3 節参照

■ **5.5**　同軸円筒電極内の最大電界は内側円筒電極表面に現れ, その部分の電界の強さ $E_r$ は

$$E_r = \frac{V}{r \log \frac{R}{r}} \quad (*)$$

与えられた式 (1) の $E_c$ と上式 (*) の $E_r$ が等しいときの印加電圧 $V$ が，コロナ開始電圧 $V_c$ である．したがって

$$31\delta \left(1 + \frac{0.308}{\sqrt{\delta r}}\right) = \frac{V_c}{r \log \frac{R}{r}}$$

ゆえに

$$V_c = 31\delta r \log \frac{R}{r} \left(1 + \frac{0.308}{\sqrt{\delta r}}\right) \; [\text{kV}]$$

## 6章

■ **6.1** 絶縁油中に溶解している気体は，温度上昇などにより気化し，油中に気泡が発生する．油部分よりも気泡部分に高電界が掛かるので，この気泡内で放電が発生しやすく，条件によって絶縁破壊する．

■ **6.2** インパルス電圧印加時の $V_B$ は，交流印加時の $V_B$ より一般に高い．この理由としては，電界によって電子が電離エネルギーを得るための時間や，電離後電極間に導電路が形成されるまでの時間が必要であることが考えられる．さらに，針端付近や油中コロナ放電空間付近に形成される空間電荷の影響も考えられる．

■ **6.3** 液体誘電体の $V_B$ に及ぼす諸因子としては，液体中の不純物（じんあい，導電性微粒子など），水分量，吸蔵ガスなどがある．また，液体の温度，圧力，および電極材質の種類などが挙げられる．

■ **6.4** 6.2 節参照

■ **6.5** 6.4 節参照

## 7章

■ **7.1** 7.1 節参照

■ **7.2** マクロ的な観点からは，物質の抵抗率 $\rho$（または，その逆数の導電率）の大きさをもとに分類する．通常，$\rho$ が $10^{-4}\,\Omega\cdot\text{m}$ 以下のものを導体，$10^6\,\Omega\cdot\text{m}$ 以上のものを絶縁体，その中間のものを半導体として分類している．

一方，ミクロ的観点からは，電子のエネルギーバンド構造から分類する．通常，伝導帯の一部が電子で満たされたものを導体，エネルギーギャップ $E_g$ が約 3 eV 以下のものを半導体，$E_g$ が約 3 eV 以上のものを絶縁体と称している．

■ **7.3** 7.2 節参照

■ **7.4** 7.4 節参照．絶縁破壊とは，誘電体（絶縁体）に電圧を加えた場合，印加電圧を維持できなくなる現象．電極間を短絡した状態になり，電極間の誘電体が完全に絶縁性が失われる現象．

これに対して，絶縁劣化は，誘電体の初期の電気的性能が電界，熱，機械力などの

種々の要因により低下していく現象．ただし，絶縁劣化しても一部の誘電体が健全に残っている状態なので，誘電体全体をみると絶縁体として機能する．

■ **7.5** 7.4 節参照

## 8章

■ **8.1** 8.2 節参照

■ **8.2** 8.3 節参照

■ **8.3** 絶縁紙の原料は，木材を化学処理して作ったクラフトパルプであり，主成分はセルロースである．化学的に安定で，紙のように均質で薄く広いシートが容易に作れる．そのため，導体などに巻きつけるのに適しており，電力機器などの絶縁に用いられている．絶縁紙のうち，電力ケーブルや機器の導線の絶縁に用いられる厚さ 0.05〜0.1 mm の紙をクラフト紙と呼ぶ．また，木綿やクラフトパルプを原料とし，厚さ 0.5〜13.0 mm のボード状にしたものはプレスボードと呼ばれ，電力用変圧器などの絶縁に用いられる．

■ **8.4** 電極と固体や気体との接点付近では，電界が集中しやすく，沿面放電が発生しやすい．また，沿面放電が発生すると，固体表面に電荷が蓄積し，この電荷も沿面放電に影響を与える．電気力線平行型における沿面放電開始電圧やフラッシオーバ電圧は，固体がない場合に比較して低い．特に，交流電圧の場合が低い．

■ **8.5** 8.5 節参照

## 9章

■ **9.1** 9.1.1 項参照

■ **9.2** 9.1.3 項参照

■ **9.3** 9.2.1 項参照

■ **9.4** 球ギャップ法では，予備フラッシオーバを数回行い，放電が安定することを確認する．印加時間が長くなると，気中に存在する微小な浮遊物の影響で，比較的低い電圧で放電することがあり，絶縁破壊電圧のばらつきが大きくなり，測定値に誤差が出る場合がある．

■ **9.5** 試験用変圧器は電力用変圧器と異なり，試験用の高電圧を得るのが目的であり，特に絶縁に注意を払って設計されている．次のような特徴を有する．

(1) 変圧比，すなわち 1 次，2 次コイルの巻数比を大きくして，低電圧電源から直接高電圧を得ることができる．

(2) 定格負荷電流が小さく高圧側で 1 A 以下のものが普通である．

(3) 高圧側の供試物が絶縁破壊したときの過渡振動の発生を抑える工夫がなされている．

## 10章

■ **10.1** 10.2 節参照

■ **10.2** 基本的には，フラッシオーバ電圧を考慮し決められる．現在の送電系統においては，22 kV で 2 個，66 kV で 4 個，154 kV で 9〜10 個，275 kV で 16〜18 個程度となっている．塩害の恐れがある場合は，がいしの数が追加される．フラッシオーバ電圧と連結されるがいしの個数との関係は，3 個以上で，両者はほぼ直線関係にある．

■ **10.3** 10.4 節参照

■ **10.4** 10.5 節参照

■ **10.5** 10.9 節参照

## 11章

■ **11.1** 11.2.3 項参照

■ **11.2** 11.3 節参照

■ **11.3** 11.4.2 節参照

■ **11.4** 11.4.3 項参照

# 引用・参考文献

## 1章

[1] 大久保仁編著:『高電界現象論』, オーム社 (2011)
[2] Dieter Kind, Hermann Kärner: "High-Voltage Insulation Technology", Friedr. Vieweg & Sohn (1985)
[3] L. A. Dissado, J. C. Fothergill: "Electrical Degradation and Breakdown in Polymers", Peter Peregrinus Ltd. (1992)
[4] L. Niemeyer, L. Pietronero, H. J. Wiesmann: "Fractal Dimension of Dielectric Breakdown", *Phys. Rev. Let.*, Vol.**52**, No.12, pp.1033-1036 (1984)
[5] K. Kudo: "Fractal Analysis of Electrical Trees", *IEEE Transactions on Dielectrics and Electrical Insulation*, Vol.**5**, No.5, pp.713-727 (1998)
[6] 工藤勝利:「放電パターンにおけるフラクタル」, 静電気学会誌, Vol.**16**, No.2, pp.115-123 (1992)
[7] 丸山悟, 小林正三, 工藤勝利:「高分子絶縁材料中における交流トリーのフラクタル性」, 電気学会論文誌 A, Vol.**113-A**, No.6, pp.480-485 (1993)
[8] 若松隆, 藤原民也, 山田弘, 後藤邦之, 工藤勝利:「$\mu$s パルス電圧印加による液体誘電体中の負極性ストリーマ進展のフラクタル性」, 電気学会論文誌 A, Vol.**115-A**, No.11, pp.1144-1150 (1995)
[9] 小林正三, 工藤勝利:「交流トリーの進展に伴う発光現象のカオス性」, 電気学会論文誌 A, Vol.**116-A**, No.8, pp718-724 (1996)
[10] 勝野泰, 河崎善一郎, 松浦虔士:「雷放電路は, フラクタルであるか?」, 電気学会論文誌 A, Vol.**111-A**, p496-497 (1991)
[11] L. A. Dissado: "Deterministic Chaos in Breakdown. Does It Occur and What Can It Tell Us?", *IEEE Transactions on Dielectrics and Electrical Insulation*, Vol.**9**, No.5, pp.752-762 (2002)
[12] J. H. Stathis: "Percolation Models for Gate Oxide Breakdown", *Journal of Applied Physics*, Vol.**86**, No.10, pp.5757-5766 (1999)
[13] 吉永良正:『複雑系とは何か』, 講談社 (1996)
[14] 井庭崇, 福原義久:『複雑系入門』, NTT 出版 (2000)

引用・参考文献

## 2章

[1] 松瀬貢規編, 工藤勝利, 磯田八郎, 松瀬貢規:『電気磁気学入門』, オーム社 (2011)
[2] 山田直平原著, 桂井誠著:『電気磁気学 [3版改訂]』, 電気学会 (2009)
[3] 河野照哉, 桂井誠, 岡部洋一:『電気磁気学基礎論』, 電気学会 (1991)

## 3章

[1] 宅間董, 柳父悟:『高電圧大電流工学』, 電気学会 (2003)
[2] 乾昭文, 川口芳弘, 山本充義:『新電気電子工学』, 技報堂出版 (2010)
[3] L. L. Alston: "High-Voltage Technology", Oxford University Press (1969)
[4] Kenneth L. Kaiser: "Electrostatic Discharge", Taylor & Francis (2006)
[5] Ravindra Arona, Wolfgang Mosch: "High Voltage and Electrical Insulation Engineering", IEEE Press (2011)
[6] 宅間董:『電界パノラマ』, 電気学会 (2003)
[7] 花岡良一:『高電圧工学』, 森北出版 (2007)

## 4章

[1] 増田閃一, 河野照哉共訳:『プリンツ電界計算法』, 朝倉書店 (1974)
[2] 河野照哉, 桂井誠, 岡部洋一:『電気磁気学基礎論』, 電気学会 (1997)
[3] 河野照哉, 宅間董:『数値電界計算法』, コロナ社 (1980)
[4] 宅間董, 濱田昌司:『数値電界計算の基礎と応用』, 東京電機大学出版局 (2006)
[5] 宅間董:『電界パノラマ』, 電気学会 (2003)
[6] 松瀬貢規編, 工藤勝利, 磯田八郎, 松瀬貢規:『電気磁気学入門』, オーム社 (2011)
[7] 小塚洋司:『電気磁気学その物理像と詳論』, 森北出版 (2006)
[8] 山田直平原著, 桂井誠著:『電気磁気学 [3版改訂]』, 電気学会 (2009)
[9] 金谷光一, 飯島歩:『高電圧工学演習』, 槇書店 (1990)
[10] 堀井憲爾:『高電圧工学演習』, 朝倉書店 (1984)

## 5章

[1] Ravindra Arora, Wolfgang Mosch: "High Voltage and Electrical Insulation Engineering", IEEE Press (2011)
[2] 河村達雄, 河野照哉, 柳父悟:『高電圧工学 [3版改訂]』, 電気学会 (2007)
[3] 鳥山四男, 堺孝夫, 室岡義広:『新版高電圧工学』, コロナ社 (2001)
[4] 北川信一郎, 河崎善一郎, 三浦和彦, 道本光一郎:『大気電気学』, 東海大学出版会 (1997)
[5] 家田正之編著:『現代高電圧工学』, オーム社 (1981)
[6] 日髙邦彦:『高電圧工学』, 数理工学社 (2009)

- [7] 勝野泰，河崎善一郎，松浦虔士：「雷放電路は，フラクタルであるか？」，電気学会論文誌 A，Vol.**111-A**，pp.496-497（1991）
- [8] 吉野勝美，小野田光宣，中山博史，上野秀樹：『高電圧・絶縁システム入門』，森北出版（2007）
- [9] 林泉：『高電圧プラズマ工学』，丸善（1996）
- [10] 中野義映：『高電圧工学』，オーム社（1991）
- [11] 北川信一郎：『雷と雷雲の科学』，森北出版（2001）
- [12] E. Kuffel, W. S. Zaengl, J. K. Kuffel: "High Voltage Engineering Fundamentals", Butterworth-Heinemann（2000）
- [13] 高柳真：『科学でひもとくたのしい静電気』，日刊工業新聞社（2011）

## 6章

- [1] 鳥山四男，堺孝夫，室岡義広：『高電圧工学』，コロナ社（1980）
- [2] 岸敬二：『高電圧技術』，コロナ社（1999）
- [3] L. L. Alston: "High-Voltage Technology", Oxford University Press（1969）
- [4] M. S. Naidu, V. Kamaraju: "High Voltage Engineering", Tata McGraw-Hill Publishing Co. Ltd.（1982）
- [5] 吉野勝美，小野田光宣，中山博史，上野秀樹：『高電圧・絶縁システム入門』，森北出版（2007）
- [6] 若松隆，藤原民也，山田弘，後藤邦之，工藤勝利：「$\mu$s パルス電圧印加による液体誘電体中の負極性ストリーマ進展のフラクタル性」，電気学会論文誌 A，Vol.**115-A**, No.11, pp.1144-1150（1995）

## 7章

- [1] 斎藤省吾編著：『高分子の電気物性とその応用』，高分子学会（1972）
- [2] 家田正之編著：『現代高電圧工学』，オーム社（1981）
- [3] Chen C. Ku, Raimond Liepins: "Electrical Properties of Polymers", Hanser Publishers（1987）
- [4] 関井康雄：『電気材料』，丸善株式会社（2001）
- [5] E. Kuffel, W. S. Zaengl, J. Kuffel: "High Voltage Engineering Fundamentals", Butterworth-Heinemann（2000）
- [6] 篠原卯吉，上田実：『高電圧工学』，朝倉書店（1971）
- [7] 小崎正光編著：『高電圧・絶縁工学』，オーム社（1997）
- [8] 井庭崇，福原義久：『複雑系入門』，NTT 出版（2000）

## 8章

[1] 鳥山四男, 堺孝夫, 室岡義広:『高電圧工学』, コロナ社 (1980)
[2] 河村達雄, 河野照哉, 柳父悟:『高電圧工学 [3版改訂]』, 電気学会 (2007)
[3] 電気学会技術報告 (II部) 第224号:「最近の油浸絶縁と将来展望」, 電気学会 (1986)
[4] 宅間董:『電界パノラマ』, 電気学会 (2003)
[5] Ravindra Arora, Wolfgang Mosh: "High Voltage and Electrical Insulation Engineering", IEEE Press (2011)
[6] 堀井憲爾:『高電圧工学演習』, 朝倉書店 (1984)
[7] 宅間董, 柳父悟:『高電圧大電流工学』, 電気学会 (1988)
[8] 河野照哉, 桂井誠, 岡部洋一:『電気磁気学基礎論』, 電気学会 (1997)
[9] 大木義路, 石原好之, 奥村迂次徳, 山野芳昭:『電気電子材料―基礎から試験法まで―』, 電気学会 (2006)

## 9章

[1] 河村達雄, 河野照哉, 柳父悟:『高電圧工学 [3版改訂]』, 電気学会 (2007)
[2] 植月唯夫, 松原孝史, 箕田充志:『高電圧工学』, コロナ社 (2006)
[3] 吉野勝美, 小野田光宣, 中山博史, 上野秀樹:『高電圧・絶縁システム入門』, 森北出版 (2007)
[4] 小崎正光編著:『高電圧・絶縁工学』, オーム社 (1997)
[5] 武藤三郎, 寺瀬斉, 堀井憲爾, 中村光一:『電力工学』, 森北出版 (1976)

## 10章

[1] 大久保仁編著:『高電界現象論』, オーム社 (2011)
[2] 電気学会技術報告 第907号:「電気・電子絶縁システムの学術・技術研究の将来展望」, 電気学会 (2002)
[3] 電気学会技術報告 第945号:「電力機器・絶縁材料技術の横断的評価と共通技術の体系化」, 電気学会 (2003)
[4] 電気学会技術報告 第1003号:「電力用コンデンサの新規誘電体に関する実態調査結果および今後の展望」, 電気学会 (2005)
[5] 宅間董, 柳父悟:『高電圧大電流工学』, 電気学会 (1988)
[6] 河村達雄, 河野照哉, 柳父悟:『高電圧工学 [3版改訂]』, 電気学会 (2007)
[7] 林政義, 国島尤:「送電線のコロナと計算式からみた防ぎ方」, 電気計算, Vol.43, No.4, pp.105-106 (1975)
[8] 尾崎勇造:『高電圧電力工学』, 電気書院 (1997)

[ 9 ] 家田正之編著：『現代高電圧工学』，オーム社（1981）
[10] 電気学会技術報告（II部）第**224**号：「最近の油浸絶縁と将来展望」，電気学会（1986）
[11] 大木正路：『高電圧工学』，槇書店（1982）
[12] 花岡良一：『高電圧工学』，森北出版（2007）
[13] 松岡道雄編著：『日本が生んだ世界的発明 酸化亜鉛バリスタ』，オーム社（2009）
[14] 吉野勝美，小野田光宣，中山博史，上野秀樹：『高電圧・絶縁システム入門』，森北出版（2007）

## 11章

[ 1 ] 國岡昭夫，上村喜一：『新版基礎半導体工学』，朝倉書店（2006）
[ 2 ] 岸野正剛：『半導体デバイスの物理』，丸善株式会社（2010）
[ 3 ] 作道恒太郎：『固体物理（修訂版）』，裳華房（1993）
[ 4 ] Marius Bazu, Titu Bajenescu: "Failure Analysis", A John Wiley and Sons, Ltd. (2011)
[ 5 ] 佐竹秀喜，三谷祐一郎：「極薄ゲート酸化膜絶縁破壊機構の解明と新高信頼化成膜プロセスの提案」，東芝レビュー，Vol.**55**, No.10, pp.58-61（2000）
[ 6 ] J. H. Stathis: "Percolation Models for Gate Oxide Breakdown", *Journal of Applied Pyhsics*, Vol.**86**, No.86, No.10, pp.5757-5766 (1999)
[ 7 ] 小田垣孝：『パーコレーションの科学』，裳華房（1993）
[ 8 ] NTS編：『ナノエレクトロニクスにおける絶縁超薄膜技術—静膜技術と膜・界面の物性科学』，エヌ・ティー・エス（2012）
[ 9 ] B. E. Conway: "Electrochemical Supercapacitors Scientific Fundamentals and Technological Applications", Kluwer Academic/Plenum Publishers (1999)
[10] 直井勝彦，西野敦，森本剛監訳代表：『電気化学キャパシタ基礎・材料・応用』（原本：B. E. Conway: "Electrochemical Supercapacitors Scientific Fundamentals and Technological Applications"），エヌ・ティー・エス（2001）
[11] J. O'M. Bockris, M. A. V. Devanathan, K. Müler: "On the Structure of Charged Interfaces", *Proc. Roy. Soc. (London)*, Vol.**A274**, pp.55-79 (1963)
[12] 馬場宣良，山名昌男，岡本博司，小野幸子：『エレクトロケミストリー』，米田出版（1999）
[13] M. Ue: "Chemical Capacitors and Quaternary Ammonium Salts", *Electrochemistry*, Vol.**75**, No.8, pp.565-572 (2007)

- [14] 松田好晴,高須芳雄,森田昌行:『大容量電気二重層キャパシタの最前線』,エヌ・ティー・エス (2005)
- [15] 春山志郎:『表面技術者のための電気化学(第2版)』,丸善 (2005)
- [16] 松川文雄編著:『ディスプレイデバイス』,森北出版 (2008)
- [17] 西久保靖彦:『よくわかる最新ディスプレイ技術の基本と仕組み』,秀和システム (2009)

# 索引

## あ 行

アーク　122
アーク放電　34, 58
アインシュタインの関係式　56
油入しゃ断器　122
油含浸型絶縁　101
油浸漬型絶縁　101
暗流　57

イオン伝導　84
位置エネルギー　16
移動度　54
インパルス電圧発生器　111
インパルス熱破壊　86

影像電荷　45
影像法　41, 44
液化気体　80
液体窒素　80
液体ヘリウム　80
液体誘電体　75
エレクトロルミネセンス　161
エレクトロルミネセンスディスプレイ　141
沿面放電　35, 104

凹型試料　89
オームの法則　57
オールプラスチックフィルムキャパシタ　131

## か 行

外因性破壊　150
がいし　119, 124
解析的手法　41
階段状先駆放電　72
階段接合　144
回転機　134
回転子巻線　134
外部ヘルムホルツ層　154
開閉サージ　138
ガウスの積分形　23
ガウスの法則　11, 13, 23
カオス　8
架橋ポリエチレン　128
架空送電線　135
架空地線　135
拡散　56
拡散係数　56
拡散端蒸着電極試料　89
拡散電位　143
拡散二重層　154
ガスしゃ断器　122

ガス絶縁開閉器　119, 126
活性炭　157
過電圧　124
乾式変圧器　133
完全電離プラズマ　67
貫通破壊　34

帰還雷撃　72
気体誘電体　53
基底状態　55
気泡破壊　77
規約原点　110
逆耐電圧　109
逆フラッシオーバ　135
キャパシタ　130
キャリア　54
球ギャップ　115
吸収電流　85
強電離プラズマ　67
極性効果　70
局部破壊　35
局部破壊電圧　34
金属–酸化物–半導体電界効果トランジスタ　141

空間電荷効果　58
空間電荷制限電流　84
空間電荷層　143

索　引

空乏層　143
グローコロナ　68
グロー放電　34, 58

計器用変圧器　115
経時的絶縁破壊　152
懸垂がいし　124

合成油　75
高電界工学　1
降伏　146
降伏電圧　146
鉱油　75
高誘電率ゲート絶縁膜　151
交流高電圧　108
コーシー–リーマンの方程式　42
極低温液体　75, 80
固体誘電体　83
固定子巻線　134
コロナ開始電圧　68
コロナ雑音　137
コロナ障害　137
コロナ騒音　137
コロナ損　137
コロナ損に関する2乗法則　137
コロナ放電　35, 68
コンデンサ　130

### さ　行

再結合　55
差分法　41, 49
酸化亜鉛　138
三重点　105
三重点効果　105

磁器がいし　124
試験用変圧器　108
自己相似性　7
自続放電　58
弱電離プラズマ　67
しゃ断器　119
しゃへい角　135
集合電子近似　87
縦続接続　108
シュテルンモデル　153
準安定状態　55
準平等電界　27, 38
衝突電離係数　59
ショットキー効果　77, 84
ショットキー電流　84
シリコーン油　131
真空しゃ断器　122
真空蒸着法　161
真空の誘電率　13
真空放電　65
真性破壊　87, 150
真性破壊の強さ　5
真電荷　22

数値解析法　41, 49
スケーリング則　150
ストリーマ　66
ストリーマ型の放電　67
ストリーマコロナ　68
ストリーマ理論　66

正則　42
正則関数　42
静電エネルギー　11
静電界　11
静電電圧計　113
静電容量　154
整流器　109
絶縁材料　6
絶縁体　6

絶縁破壊　2
絶縁破壊の強さ　1
絶縁破壊理論　75
絶縁物　6
絶縁油　75
絶縁劣化　83, 92
セルフヒーリング　89, 131
先駆放電　72
全路破壊　34
全路破壊電圧　34

相対空気密度　62
送配電系統　119

### た　行

タウンゼントの火花条件　59
タウンゼントの理論　53, 59
多重雷撃　73
多導体方式　136
単一電子近似　87
単心型　128
単心3心より合せ型　128
段絶縁　103

直流高電圧　109

ツェナーダイオード　141, 148
ツェナー破壊　87, 88, 147, 148

抵抗分圧器　114
抵抗容量分圧器　114
抵抗率　2, 98
定常熱破壊　86
ディスプレイ　161

定電圧ダイオード　148
電位　1, 16
電位差　16
電位の傾き　11, 20
電界　1, 12
電解液　157
電界集中係数　27, 28
電界の強さ　2, 12
電界不平等係数　28
電界利用率　27, 28
電荷重畳法　41, 51
電気機械的破壊　83, 88
電機子巻線　134
電気トリー　93, 100
電気二重層　141, 153
電気二重層キャパシタ　141, 157
電気力線　13
電子性伝導　84
電子的破壊　77, 83, 87
電子なだれ　59
電子なだれ破壊　87
電束密度　22
電離　53, 55
電離エネルギー　55
電離電圧　55
電離度　67
電流パス　152
電力ケーブル　119
電力用機器　119
電力用キャパシタ　119
電力用変圧器　108, 119

等角写像法　41, 42
等電位面　18
導電率　98
特異吸着　154
トラッキング劣化　83, 94, 104
トリー　93

トリーイング　35, 93
トリーイング劣化　83, 93
トリチェルパルス　69
ドリフト速度　54
トリプレックス　128
トンネル効果　88

## な 行

内部破壊　35
内部ヘルムホルツ層　154
なだれ破壊　146, 147

2次電子　59
2次電池　159

熱刺激電流法　116
熱的破壊　83, 86

## は 行

パーコレーション　8
パーコレーションパス　152
破壊　146
破壊電圧　146
発散　14
パッシェン曲線　60
パッシェンの法則　53, 60
波頭長　110
波尾長　110
バリア　101, 104, 127, 132
バリア効果　104
バリア放電　35
パルス静電応力法　116
半導電層　128
半波整流回路　109

非自続放電　58
ピット　100
火花電圧　53, 58
火花電圧の相似則　61
火花放電　34, 58
比誘電率　15
標準雷インパルス電圧　110
平等電界　27, 37
避雷器　138

プール–フレンケル効果　84
フェルミ準位　143
複合誘電体　97
複雑系科学　7
負性気体　55
縁効果　28
不平等電界　27, 39
部分放電　35, 68
部分放電劣化　83, 93
フラクタル　7
フラクタル次元　7
ブラシコロナ　68
プラズマ状態　66
フラッシオーバ　104
フラッシオーバ電圧　104
プレスボード　104
分圧器　114
分極　22
分極性電極　157
分極電荷　22

平均自由行程　54
べき乗法則　93
ヘテロ電荷　116
ヘルムホルツ層　154

ポアソンの方程式　11, 21

## ま行

ボイド放電　35, 100
放電　34
ホモ電荷　116
ポリプロピレンフィルム　128
ポリマーがいし　125

## ま行

マイカ　134
マイカテープ　134
マクスウェル応力　88
マッケオン型試料　89

水トリー　93

ムーアの法則　151
無機 ELD　161

モールド変圧器　133
もれ電流　85

## や行

有機 EL テレビ　163
有機 ELD　161, 163
有限要素法　41, 50
誘電正接　121
誘電損　121
誘電体　1, 6
誘電率　2
油浸絶縁　101, 127, 130

油中コロナ放電　35
油中ストリーマ放電　35

容量分圧器　114

## ら行

雷サージ　138
雷しゃへい失敗　135
雷放電　53, 71
ラプラスの方程式　11, 21, 42

リセス型試料　89
リプル　109

励起　53, 54
励起エネルギー　54
励起状態　55
励起電圧　54
劣化導電路　94

ロゴスキー電極　37

## 欧字

$\alpha$ 作用　59
$\gamma$ 作用　59

CR 分圧器　114
CV ケーブル　127, 128

EDLC　157
ELD　141

FPD　161

GCB　122
GIS　119, 126

IHL　154

MOSFET　141, 150

OCB　122
OF ケーブル　127
OHL　154

PEA 法　116
pn 接合　143
PPLP　128

SF$_6$ ガス絶縁変圧器　133
SH　89, 131

$\tan\delta$　121
TDDB　152
TSC 法　116

VCB　122
$V$-$t$ 特性　92

ZnO　138

**著者略歴**

工　藤　勝　利
　　く　　どう　　かつ　　とし

1974 年　明治大学大学院工学研究科博士課程修了
　　　　　工学博士
同　　年　明治大学工学部専任講師
1977 年　明治大学工学部助教授
1982 年　明治大学工学部教授
現　　在　明治大学理工学部教授
　　　　　IEEE，電気学会，応用物理学会，高分子学会などの会員

**主要著書**

電気磁気学入門（共著，オーム社）2011 年
放電ハンドブック（分担執筆，電気学会）1998 年


電気・電子工学ライブラリ＝ UKE–B6
高電界工学
―高電圧の基礎―

2013 年 2 月 10 日 ⓒ　　　　　　　　初 版 発 行

著者　工藤　勝利　　　　　発行者　矢沢和俊
　　　　　　　　　　　　　印刷者　小宮山恒敏

【発行】　　　　　　株式会社　数理工学社
〒151–0051　東京都渋谷区千駄ヶ谷 1 丁目 3 番 25 号
☎ (03) 5474–8661（代）　　サイエンスビル

【発売】　　　　　　株式会社　サイエンス社
〒151–0051　東京都渋谷区千駄ヶ谷 1 丁目 3 番 25 号
営業☎ (03) 5474–8500（代）　　振替 00170–7–2387
FAX☎ (03) 5474–8900

印刷・製本　小宮山印刷工業（株）

≪検印省略≫

本書の内容を無断で複写複製することは，著作者および
出版者の権利を侵害することがありますので，その場合
にはあらかじめ小社あて許諾をお求め下さい．

ISBN978–4–901683–98–2
PRINTED IN JAPAN

サイエンス社・数理工学社の
ホームページのご案内
http://www.saiensu.co.jp
ご意見・ご要望は
suuri@saiensu.co.jp まで．